"十四五"时期国家重点出版物出版专项规划项目

中国石油二氧化碳捕集、利用与封存（CCUS）技术丛书

主编 张道伟

CCUS-EOR全过程风险识别与管控

李 清 王 峰 张德平 胡占群 ◎等编著

石油工业出版社

内 容 提 要

本书围绕在石油行业应用 CCUS-EOR 全过程中的风险问题，系统阐述了如何识别分析 CCUS-EOR 全过程风险及相应的管控对策，内容包括 CCUS-EOR 全过程风险管控的国内外现状及典型案例、风险辨识与评价、地质风险防控、二氧化碳捕集与输送风险管控、井筒工程风险管控、地面工程风险管控、经济风险管控，以及 CCUS-EOR 项目 QHSE 专篇设计等。书中包含与 CCUS-EOR 方面相关的一些法规、国家标准和行业标准，可以为在石油行业从事 CCUS-EOR 项目的人员提供参考。

本书可供从事二氧化碳捕集、利用与封存工作的管理人员及工程技术人员使用，也可作为石油企业培训用书、石油院校相关专业师生参考用书。

图书在版编目（CIP）数据

CCUS–EOR 全过程风险识别与管控 / 李清等编著 . —北京：石油工业出版社，2023.8

（中国石油二氧化碳捕集、利用与封存（CCUS）技术丛书）

ISBN 978–7–5183–6003–1

Ⅰ . ① C… Ⅱ . ①李… Ⅲ. ①油田开发 – 风险管理

Ⅳ. ① TE38

中国国家版本馆 CIP 数据核字（2023）第 085487 号

出版发行：石油工业出版社
　　　　　（北京安定门外安华里 2 区 1 号　100011）
　　　　　网　　址：www.petropub.com
　　　　　编辑部：（010）64523687
　　　　　图书营销中心：（010）64523633
经　　销：全国新华书店
印　　刷：北京中石油彩色印刷有限责任公司

2023 年 8 月第 1 版　2024 年 8 月第 2 次印刷
787×1092 毫米　开本：1/16　印张：16.5
字数：245 千字

定价：130.00 元
（如出现印装质量问题，我社图书营销中心负责调换）

《中国石油二氧化碳捕集、利用与封存（CCUS）技术丛书》
编委会

《CCUS-EOR 全过程风险识别与管控》
编写组

组　长：李　清

副组长：王　峰　张德平　胡占群

成　员：（按姓氏笔画排序）

王　昊　王晓鹏　王高峰　代　超　吕明军

刘　洋　闫利凯　那慧玲　孙博尧　杜丽萍

李金龙　李晓明　杨永智　杨敬峰　汪　芳

宋　杨　张健威　林海波　项　东　郭　璐

唐　宇　路大凯　潘若生

自 1992 年 143 个国家签署《联合国气候变化框架公约》以来，为了减少大气中二氧化碳等温室气体的含量，各国科学家和研究人员就开始积极寻求埋存二氧化碳的途径和技术。近年来，国内外应对气候变化的形势和政策都发生了较大改变，二氧化碳捕集、利用与封存（Carbon Capture, Utilization and Storage, 简称 CCUS）技术呈现出新技术不断涌现、种类持续增多、能耗成本逐步降低、技术含量更高、应用更为广泛的发展趋势和特点，CCUS 技术内涵和外延得到进一步丰富和拓展。

2006 年，中国石油天然气集团公司（简称中国石油）与中国科学院、国务院教育部专家一道，发起研讨 CCUS 产业技术的香山科学会议。沈平平教授在会议上做了关于"温室气体地下封存及其在提高石油采收率中的资源化利用"的报告，结合我国国情，提出了发展 CCUS 产业技术的建议，自此中国大规模集中力量的攻关研究拉开序幕。2020 年 9 月，我国提出力争 2030 年前二氧化碳排放达到峰值，努力争取 2060 年前实现碳中和，并将"双碳"目标列为国家战略积极推进。中国石油积极响应，将 CCUS 作为"兜底"技术加快研究实施。根据利用方式的不同，CCUS 中的利用（U）可以分为油气藏利用（CCUS-EOR/EGR）、化工利用、生物利用等方式。其中，二氧化碳捕集、驱油与埋存

（CCUS-EOR）具有大幅度提高石油采收率和埋碳减排的双重效益，是目前最为现实可行、应用规模最大的 CCUS 技术，其大规模深度碳减排能力已得到实践证明，应用前景广阔。同时通过形成二氧化碳捕集、运输、驱油与埋存产业链和产业集群，将为"增油埋碳"作出更大贡献。

实干兴邦，中国 CCUS 在行动。近 20 年，中国石油在 CCUS-EOR 领域先后牵头组织承担国家重点基础研究发展计划（简称"973 计划"）（两期）、国家高技术研究发展计划（简称"863 计划"）和国家科技重大专项项目（三期）攻关，在基础理论研究、关键技术攻关、全国主要油气盆地的驱油与碳埋存潜力评价等方面取得了系统的研究成果，发展形成了适合中国地质特点的二氧化碳捕集、埋存及高效利用技术体系，研究给出了驱油与碳埋存的巨大潜力。特别是吉林油田实现了 CCUS-EOR 全流程一体化技术体系和方法，密闭安全稳定运行十余年，实现了技术引领，取得了显著的经济效益和社会效益，积累了丰富的 CCUS-EOR 技术矿场应用宝贵经验。2022 年，中国石油 CCUS 项目年注入二氧化碳突破百万吨，年产油量 31 万吨，累计注入二氧化碳约 560 万吨，相当于种植 5000 万棵树的净化效果，或者相当于 350 万辆经济型小汽车停开一年的减排量。经过长期持续规模化实践，探索催生了一大批 CCUS 原创技术。根据吉林油田、大庆油田等示范工程结果显示，CCUS-EOR 技术可提高油田采收率 10%~25%，每注入 2~3 吨二氧化碳可增产 1 吨原油，增油与埋存优势显著。中国石油强力推动 CCUS-EOR 工作进展，预计

2025—2030 年实现年注入二氧化碳规模 500 万~2000 万吨、年产油 150 万~600 万吨；预期 2050—2060 年实现年埋存二氧化碳达到亿吨级规模，将为我国"双碳"目标的实现作出重要贡献。

厚积成典，品味书香正当时。为了更好地系统总结 CCUS 科研和试验成果，推动 CCUS 理论创新和技术发展，中国石油组织实践经验丰富的行业专家撰写了《中国石油二氧化碳捕集、利用与封存（CCUS）技术丛书》。该套丛书包括《石油工业 CCUS 发展概论》《石油行业碳捕集技术》《超临界二氧化碳混相驱油机理》《CCUS-EOR 油藏工程设计技术》《CCUS-EOR 注采工程技术》《CCUS-EOR 地面工程技术》《CCUS-EOR 全过程风险识别与管控》7 个分册。该丛书是中国第一套全技术系列、全方位阐述 CCUS 技术在石油工业应用的技术丛书，是一套建立在扎实实践基础上的富有系统性、可操作性和创新性的丛书，值得从事 CCUS 的技术人员、管理人员和学者学习参考。

我相信，该丛书的出版将有力推动我国 CCUS 技术发展和有效规模应用，为保障国家能源安全和"双碳"目标实现作出应有的贡献。

中国工程院院士　袁士义

　　宇宙浩瀚无垠，地球生机盎然。地球形成于约46亿年前，而人类诞生于约600万年前。人类文明发展史同时也是一部人类能源利用史。能源作为推动文明发展的基石，在人类文明发展历程中经历薪柴时代、煤炭时代、油气时代、新能源时代，不断发展、不断进步。当前，世界能源格局呈现出"两带三中心"的生产和消费空间分布格局。美国页岩革命和能源独立战略推动全球油气生产趋向西移，并最终形成中东—独联体和美洲两个油气生产带。随着中国、印度等新兴经济体的快速崛起，亚太地区的需求引领世界石油需求增长，全球形成北美、亚太、欧洲三大油气消费中心。

　　人类活动，改变地球。伴随工业化发展、化石燃料消耗，大气圈中二氧化碳浓度急剧增加。2022年能源相关二氧化碳排放量约占全球二氧化碳排放总量的87%，化石能源燃烧是全球二氧化碳排放的主要来源。以二氧化碳为代表的温室气体过度排放，导致全球平均气温不断升高，引发了诸如冰川消融、海平面上升、海水酸化、生态系统破坏等一系列极端气候事件，对自然生态环境产生重大影响，也对人类经济社会发展构成重大威胁。2020年全球平均气温约15℃，较工业化前期气温（1850—1900年平均值）高出1.2℃。2021年联合国气候变化大会将"到本世纪末控制全球温度升高 1.5℃" 作为确保人类能够在地球上永续生存的目标之一，并全方位努力推动能源体系向化石能源低碳化、无碳化发展。减少大气圈内二氧化碳含量成为碳达峰与碳中和的关键。

气候变化，全球行动。2020 年 9 月 22 日，中国在联合国大会一般性辩论上向全世界宣布，中国将提高国家自主贡献力度，采取更加有力的政策和措施，力争于 2030 年前将二氧化碳排放量达到峰值，努力争取于 2060 年前实现碳中和。中国是全球应对气候变化工作的参与者、贡献者和引领者，推动了《联合国气候变化框架公约》《京都议定书》《巴黎协定》等一系列条约的达成和生效。

守护家园，大国担当。20 世纪 60 年代，中国就在大庆油田探索二氧化碳驱油技术，先后开展了国家"973 计划""863 计划"及国家科技重大专项等科技攻关，建成了吉林油田、长庆油田的二氧化碳驱油与封存示范区。截至 2022 年底，中国累计注入二氧化碳超过 760 万吨，中国石油累计注入超过 560 万吨，占全国 70% 左右。CCUS 试验包括吉林油田、大庆油田、长庆油田和新疆油田等试验区的项目，其中吉林油田现场 CCUS 已连续监测 14 年以上，验证了油藏封存安全性。从衰竭型油藏封存量看，在松辽盆地、渤海湾盆地、鄂尔多斯盆地和准噶尔盆地，通过二氧化碳提高石油采收率技术（CO_2-EOR）可以封存约 51 亿吨二氧化碳；从衰竭型气藏封存量看，在鄂尔多斯盆地、四川盆地、渤海湾盆地和塔里木盆地，利用枯竭气藏可以封存约 153 亿吨二氧化碳，通过二氧化碳提高天然气采收率技术（CO_2-EGR）可以封存约 90 亿吨二氧化碳。

久久为功，众志成典。石油领域多位权威专家分享他们多年从事二氧化碳捕集、利用与封存工作的智慧与经验，通过梳理、总结、凝练，编写出版《中国石油二氧化碳捕集、利用与封存（CCUS）技术丛书》。丛书共有7个分册，包含石油领域二氧化碳捕集、储存、驱油、封存等相关理论与技术、风险识别与管控、政策和发展战略等。该丛书是目前中国第一套全面系统论述CCUS技术的丛书。从字里行间不仅能体会到石油科技创新的重要作用，也反映出石油行业的作为与担当，值得能源行业学习与借鉴。该丛书的出版将对中国实现"双碳"目标起到积极的示范和推动作用。

面向未来，敢为人先。石油行业必将在保障国家能源供给安全、实现碳中和目标、建设"绿色地球"、推动人类社会与自然环境的和谐发展中发挥中流砥柱的作用，持续贡献石油智慧和力量。

中国科学院院士

中国于 2020 年 9 月 22 日向世界承诺实现碳达峰碳中和，以助力达成全球气候变化控制目标。控制碳排放、实现碳中和的主要途径包括节约能源、清洁能源开发利用、经济结构转型和碳封存等。作为碳中和技术体系的重要构成，CCUS 技术实现了二氧化碳封存与资源化利用相结合，是符合中国国情的控制温室气体排放的技术途径，被视为碳捕集与封存（Carbon Capture and Storage，简称 CCS）技术的新发展。

驱油类 CCUS 是将二氧化碳捕集后运输到油田，再注入油藏驱油提高采收率，并实现永久碳埋存，常用 CCUS-EOR 表示。由此可见，CCUS-EOR 技术与传统的二氧化碳驱油技术的内涵有所不同，后者可以只包括注入、驱替、采出和处理这几个环节，而前者还包括捕集、运输与封存相关内容。CCUS-EOR 的大规模深度碳减排能力已被实践证明，是目前最为重要的 CCUS 技术方向。中国石油 CCUS-EOR 资源潜力逾 67 亿吨，具备上产千万吨的物质基础，对于 1 亿吨原油长期稳产和大幅度提高采收率有重要意义。多年来，在国家有关部委支持下，中国石油组织实施了一批 CCUS 产业技术研发重大项目，取得了一批重要技术成果，在吉林油田建成了国内首套 CCUS-EOR 全流程一体化密闭系统，安全稳定运行十余年，以"CCUS+ 新能源"实现了油气的绿色负碳开发，积累了丰富的 CCUS-EOR 技术矿场应用宝贵经验。

理论来源于实践，实践推动理论发展。经验新知理论化系统化，关键技术有形化资产化是科技创新和生产经营进步的表现方式和有效路径。中国石油汇聚 CCUS 全产业链理论与技术，出版了《中国石油二氧化碳捕集、利用与封存（CCUS）技术丛书》，丛书包括《石油工业 CCUS 发展概论》《石油行业碳捕集技术》《超临界二氧化碳混相驱油机理》《CCUS-EOR 油藏工程设计技术》《CCUS-EOR 注采工程技术》《CCUS-EOR 地面工程技术》《CCUS-EOR 全过程风险识别与管控》7 个分册，首次对 CCUS-EOR 全流程包括碳捕集、碳输送、碳驱油、碳埋存等各个环节的关键技术、创新技术、实用方法和实践认识等进行了全面总结、详细阐述。

《中国石油二氧化碳捕集、利用与封存（CCUS）技术丛书》于 2021 年底在世纪疫情中启动编撰，丛书编撰办公室组织中国石油油气和新能源分公司、中国石油吉林油田分公司、中国石油勘探开发研究院、中国昆仑工程有限公司、中国寰球工程有限公司和西南石油大学的专家学者，通过线上会议设计图书框架、安排分册作者、部署编写进度；在成稿过程中，多次组织"线上＋线下"会议研讨各分册主体内容，并以函询形式进行专家审稿；2023 年 7 月丛书出版在望时，组织了全体参编单位的线下审稿定稿会。历时两年集结成册，千锤百炼定稿，颇为不易！

本套丛书荣耀入选"十四五"国家重点出版物出版规划，各参编单位和石油工业出版社共同做了大量工作，促成本套丛书出版成为国家级重大出版工程。在此，我谨代表丛书编委会对所有参与丛书编写的作者、审稿专家和对本套丛书出版作出贡献的同志们表示衷心感谢！在丛书编写过程中，还得到袁士义院士、胡文瑞院士、邹才能院士、刘合院士、沈平平教授和赵金洲教授等学者的大力支持，在此表示诚挚的谢意！

CCUS 方兴未艾，产业技术呈现新项目快速增加、新技术持续迭代以及跨行业、跨地区、跨部门联合运行等特点。衷心希望本套丛书能为从事 CCUS 事业的相关人员提供借鉴与帮助，助力鄂尔多斯、准噶尔和松辽三个千万吨级驱油与埋存"超级盆地"建设，推动我国 CCUS 全产业链技术进步，为实现国家"双碳"目标和能源行业战略转型贡献中国石油力量！

徐道伟

2023 年 8 月

CCUS-EOR 是碳捕集利用与封存体系中专用于强化采油或提高采收率（Enhanced Oil Recovery）的技术，包括了碳捕集、碳输送、碳驱油与碳埋存全流程，是实现中国石油天然气集团有限公司"双碳"目标和油田提高采收率的重要技术途径。CCUS-EOR全过程风险识别与管控是 CCUS-EOR 项目经济、质量健康安全环境（QHSE）风险、碳核算等管控的专项技术，是保障 CCUS-EOR 项目安全运行的核心技术。CCUS-EOR 全过程风险识别与管控包括风险辨识与评价、地质风险防控、二氧化碳捕集与输送风险管控、井筒工程风险管控、地面工程风险管控、经济风险管控等，对于推动 CCUS 业务高质量发展具有重要意义。

本书第一章主要介绍了 CCUS-EOR 风险管控国内外发展现状和典型案例，参与编写的有李清、杨永智、张德平、张健威、那慧玲等；第二章主要介绍了 CCUS-EOR 项目风险辨识与评价，参与编写的有李清、张德平、张健威、杨敬峰、代超、刘洋等；第三章重点阐述了 CCUS-EOR 项目地质体选择方法、碳埋存量核算和碳埋存安全状况监测技术，参与编写的有胡占群、王高峰、杨永智、汪芳、李金龙、王昊、李清、潘若生等；第四章重点阐述了二氧化碳捕集与输送过程中风险管控技术，参与编写的有林海波、孙博尧、郭璐等；第五章重点阐述了井筒完整性、钻井作业、井下作业及注采过程中的风险管控技术，参与编写的有路大凯、张德平、李清、潘若生、宋杨等；第六章重点阐述了CCUS-EOR注气、集输、数字化工控安全等技术，参与编写的有林海波、孙博尧、王晓鹏等；第七章重点阐述了经济风险管控技术，参与编写的有项东、杜丽萍等；第八章重点阐述了CCUS-EOR质量健康安全环境（QHSE）设计，参与编写的有闫利凯、李晓明、吕明军、李清、杨敬峰、代超、唐宇等。

本书出版受中国石油天然气集团有限公司资助。在本书编写过程中得到了廖广志、苏春梅、陈丙春、孙俊亭、杜卫东、黄山红、赵辉、马建国、马宏斌、马晓红、祝孝华、李明义等专家的帮助。谨在本书出版之际，向以上专家表示衷心感谢！

由于笔者水平有限，书中难免有疏漏之处，敬请读者批评指正。

目 录

第一章 绪论

全球碳捕集与封存研究所（Global CCS Institute）对目前的 CCS 项目进行了调查和统计，全球总共有 449 个 CCS 项目，其中已完成项目 34 个，取消或延迟的项目 26 个，未披露数据注入项目 2 个，进行中的项目 213 个，另外 101 个项目有工业规模，62 个项目是集捕集、运输和封存为一体的全流程项目。

CCUS 项目已遍布世界各地，各主要国家都有了自己的典型项目（表 1-1）。

表 1-1　世界主要国家及地区的典型 CCUS 项目

国家及地区	典型 CCUS 项目
美国	德克萨斯州、阿拉巴马州等 82 个 EOR 项目（正在进行）
加拿大	Weyburn，Pioneer.QuestBoundary Dam Fort Nel‑son 等项目
欧洲	波兰 Recopol、挪威北海 Sleipner、荷兰近海北海 K122、挪威巴伦支海 Snohvit 等项目
澳大利亚	Moomba、Gorgon、ZeroGen、Kwinana 等项目
阿尔及利亚	In Salah 项目
中国	中国石油吉林油田、中国石油大庆油田、中国石油长庆油田、中国石化胜利油田、神华鄂尔多斯埋存等相关项目

第一节　国外 CCUS-EOR 风险管控发展现状

美国是 CO_2 驱发展最快的国家之一，该国的 CO_2 驱技术应用具有代表性。早在 20 世纪 70 年代初，美国就将西部地区开采出来的天然 CO_2 通过管道运输到得克萨斯州的油田进行强化采油。目前共有 82 个 CO_2 提高石油采收率（EOR）的项目正在进行。始于 1972 年的 SACROC 油田现场试验是最

大也是最早使用 CO_2 驱的项目。其余半数以上的大型气驱方案是于 1984—1986 年间开始实施的，目前其增产油量仍呈继续上升的趋势。大部分油田驱替方案中，注入的 CO_2 体积约占烃类孔隙体积的 30%，提高采收率的幅度为 7%~22%。澳大利亚 Santos 开发和生产公司 2007 年 9 月中旬宣布将投资 2.34 亿美元在 Cooper 盆地实施 Moomba 地区的碳储存项目；澳大利亚 Gorgon 项目海上油田 2010 年投产，把 CO_2 注入对环境敏感的 Barrow 岛下面的低渗透盐层；ZeroGen 项目和 Kwinana 项目都处于可研型研究阶段，挪威北海 Sleipner 工程是把从天然气开采过程中伴生的 CO_2 封存在北海（挪威南端与丹麦之间海域）海底下 800~1000m 的含水层中。该工程是从 1996 年 10 月正式运行，到目前为止已封存 $800×10^4t$ CO_2。由于含水层厚度达 200m、东西长度为 40km、南北宽度为 200km，因此可封存的 CO_2 容量很大，计划到工程完成时，总计可封存 $2000×10^4t$ CO_2；Weyburn 工程是从 2000 年开始把从美国北达科他州的煤炭气化炉排放出来的 CO_2 经管道系统输送到加拿大之后，加压注入已枯竭的油井中，以达到提高石油采收率和封存 CO_2 的目的。

大型油田具有储量大、开采周期长、经济效益好的优点，而小型油田一般不具有这些优点，因此，早期 CO_2 驱一般应用于大型油田。近年来许多小型油田开展了 CO_2 驱试验，同样获得了良好的经济效益，如美国密西西比州的 Creek 油田就是一个成功的实例。该油田于 1996 年被 JP 石油公司收购，当时的原油产量只有 $143m^3/d$，实施 CO_2 驱技术后，原油产量大幅提高，1998 年达到了 $209m^3/d$，比 1996 年增加了 46%。

重油 CO_2 驱一般是在不适合注蒸汽开采的油田进行。这类油田的油藏地质条件多是油层薄、埋藏太深、渗透率太低、含油饱和度太低等，注 CO_2 可有效提高这类油藏的采收率。大规模使用 CO_2 非混相驱开发重油油田的国家是土耳其，土耳其有许多重油藏不适合热采。1986 年土耳其石油公司在几个油田实施了 CO_2 非混相驱，取得了成功，其中 Raman 油田大规模 CO_2 非混相驱较为典型。加拿大也有许多重油油藏被认为不适合进行热力开采，因此，开展了大量 CO_2 驱开采重油的研究。不同温度下重油黏度测量实验显示，CO_2 易溶解于重油，一旦溶解即可使原油黏度降低，并且可以把原油黏度降低到用蒸汽驱替的水平。

一、国外 CCUS 全流程技术工程实例

1. 欧洲 ALIGN-CCUS 项目

ALIGN-CCUS 项目是全球首个 CO_2 捕集、运输、利用、封存全流程技术和 CCUS 集群部署项目（图 1-1）。该项目 2017 年开始建设，由荷兰、英国、德国、罗马尼亚、挪威等国家共同参与实施。该项目重点在优化与降低 CO_2 捕集成本、大规模 CO_2 运输、安全与大规模离岸 CO_2 封存、CO_2 储能与转化、CCUS 的公众认知等方面开展联合攻关和研究。CO_2 捕集方面，研究了不同捕集液的捕集效果、溶剂管理、过程动力学与控制，并在实验室与示范工程尺度进行了评估；

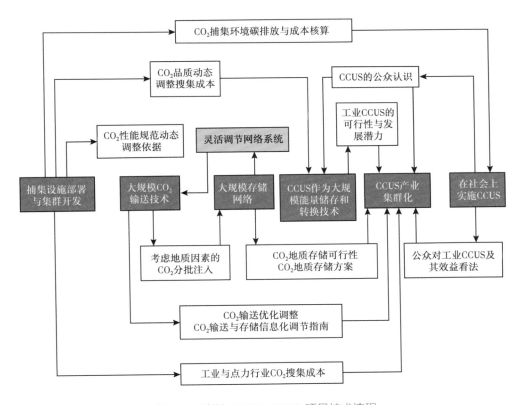

图 1-1　欧洲 ALIGN-CCUS 项目技术流程

CO_2 运输方面，结合北海海洋地质条件，规划了船运及管道输运；CO_2 封存方面，主要对北海地区地质碳汇资源进行了研究，进而为西北欧提供封存场所；CO_2 转化利用方面，在德国尼德豪森（Niederaussem）电厂开展了 CO_2 与电解水制氢生产二甲醚（Dimethyl Ether，DME）的全流程 CCU 示范项目，成功利用 DME 作为峰期及备用燃料发电。

2. 加拿大边界坝 CCS 综合项目

加拿大边界坝（Boundary Dam Power Station）CCS 全流程技术项目位于加拿大萨斯喀彻温省埃斯特万附近，该项目 2014 年启动 150MW 褐煤发电机组改造，实现了 CO_2 捕集系统建设并投产，具备 $100 \times 10^4 t/a$ 以上的 CO_2 捕集能力和 90% 的捕集率。CO_2 捕集系统采用溶剂吸收法，吸收工艺为 SO_2—CO_2 联合捕集工艺。捕集的 CO_2 经脱水、提纯后，压缩至 17MPa 的超临界状态，通过管道输送至地质利用封存场地进行地质利用封存（图 1-2）。地质利用封存场地有：

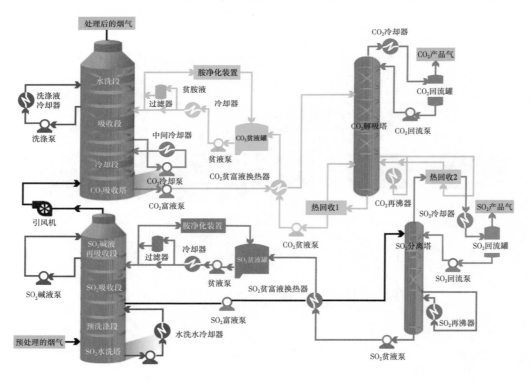

图 1-2　加拿大边界坝 CCS 综合项目 SO_2—CO_2 联合捕集工艺技术流程图

（1）Whitecap 资源公司的 Weyburn 油田，将 CO_2 注入 1700m 深的油井用于强化采油，目前该项目仍在继续。

（2）将 CO_2 注入 Aquistore 附近埋深 3400m 的 Deadwood 组深部咸水层中进行永久地质封存。

二、国外 CCUS 风险管理政策

1. 美国 CCUS 相关风险管理政策

1）二氧化碳减排激励政策

为推动 CO_2 捕集和埋存（CCS）发展，美国、澳大利亚、欧盟国家（例如挪威）等国家和一些国际组织制订了 CCS 相关的政策、法规和标准。"美国清洁能源和能源安全法案"（ACES）和美国东北各州的针对电厂的"区域温室气体行动计划"都允许排放主体将因排放权交易产生的成本分摊到能源消费者身上。"美国清洁能源和能源安全法案"针对电厂 CCS 项目发展的不同阶段，分别设计了基于减排效率、竞标和"先到先得"原则的政府资金分配方案。伊利诺伊州"清洁煤标准总则"规定，电网必须保证一定比例的电力购自应用了 CCS 的电厂。"美国清洁能源和能源安全法案"和"能源政策法"还对 CCS 早期研发和实践提供了有效的财政激励和丰厚的信贷额度，但是新型 CCS 示范项目能否获得政府资金支持仍具有很大的不确定性。目前，美国政府对 CCS 示范项目的激励主要是通过给予税收抵免额度来实现的，抵免额度上限为 7500×10^4t CO_2，迄今已用了 2700×10^4t，剩余的补贴额度预计在 3~5 年内用完，因而不能确保投资者获得相应的税收抵免。此外，由于现有的激励政策补贴金额较低（每吨 CO_2 补贴 10 美元），补贴对很多 CCS 项目的作用有限。

美国"国家提高石油采收率计划"（NEORI）提出了扩大并改革联邦激励政策的相关提案。第一，项目通过竞争招标确定每吨 CO_2 的税收抵免金额，从政府角度确保 CO_2 驱油提高采收率补贴是最低额度，同时作业者可获得长达 10 年的税收抵免。第二，对成本高低不同的 CO_2 排放源和发电厂等，采取不同的税收抵免额度，以确保不同来源的 CCS 项目都能获得补贴激励。第三，税收抵免金额根据每年石油市场价格进行调整，高油价下补贴额度较低，低油价下补贴额度调高，既可避免高油价下纳税人捞取补贴获益，也可减少低油价带来的风险。该计划认为，CO_2驱油提高采收率增加的石油税收，将在10年内超过政府税收抵免的成本，从长远看可为政府带来显著收益。

2）二氧化碳管道输送模式风险管理

美国 CCS-EOR 运行机制主要由政府协调，实行市场化定价机制效果显著。CO_2输送管道可由CO_2排放企业和石油公司之外的第三方独立运营。目前美国最大的CO_2管道运输商和销售商为 Kinder Morgan 能源公司，该公司有世界最大的CO_2气体处理厂，运营着808km CO_2长输管线，将CO_2从西南科罗拉多输送到西得克萨斯。长距离管线输送降低了CO_2的运输成本，使得CO_2驱油规模化、工业化成为可能。

就CO_2运输技术而言，选择气态或液态进行一般短距离、小规模的输送，选择超临界状态进行长距离、大规模的输送，增压设备主要选择透平压缩机，加压设备主要选择多级卧式离心泵，输送管线材质主要选择 X65、X70ERW-HIC。美国 CCS-EOR 项目地面系统中的CO_2捕集、管道输送、环境监测、运行监控、教育培训等均有专门的承包商经营运作，工程中所采用的压缩机、多级离心泵、分离设施、计量设施、阀门等设备和材料也均有专业的供应商全程提供服务保障。

3）二氧化碳循环利用和安全环保监测管理

美国CO_2驱油项目初期的CO_2纯度一般都达到99%以上。随着项目的运行，后期采用的CO_2来自采出液伴生气的分离、提纯和循环利用，主要有变压吸附分离提纯工艺，CO_2纯度要求95%以上。采出流体中回收的CO_2与商业采购的CO_2混合后注入油田循环利用，实现动态埋存，既可降低CO_2采购成本，又可提高油田的开发效益。CO_2注入油藏后，会引起储层物性、孔隙结构发生变化，项目管理者通过模拟与仿真集成技术等对项目进行风险评估，评价和推断项目的可执行性，通过储存构造研究、油田测试（脉冲中子测井、4D 地震、温压监测、操作数据分析、近地面观测）等确保埋存安全，实现动态监测与管理。

4）其他 CCUS 相关风险管理政策

（1）2007 年，《安全饮用水法》提出并建立了"深井灌注控制"计划。该计划建立了进行污水安全回灌的标准，并禁止其他形式的回灌，以确保地下深井灌注不会危害现存或将来的地下饮用水安全。

（2）2008 年 2 月，怀俄明州推出 3 项碳捕集与封存（CCS）法案，其中就 CO_2 泄漏和扩散问题做了规定，即 CO_2 地质埋存点应具备下列特征：圈闭能满足 CO_2 地质埋存；相对较厚的储层层段；孔隙性和渗透性应满足大量 CO_2 注入；储层上方应存在渗透率较低的封闭层；温度、压力以及岩石／流体化学性应适合大量 CO_2 的埋存，并不对储层造成损坏。

（3）EPA 于 2008 年 7 月 15 日颁布了避免因 CO_2 封存污染饮用水的管理措施，是 EPA 首个 CO_2 地质封存管理规定，其内容包括建立一种注入 CO_2 专用井，找出大量封存点，制定大量防 CO_2 泄漏的测试和监测手段等。

（4）2008 年 7 月，环保署在美国《清洁水法》框架下起草了一份关于 CO_2 地质封存的法案，要求对注入地下的 CO_2 进行监测。

（5）2009 年 5 月 28 日，美国宾夕法尼亚州自然资源保护部宣布，于 2009 年 6 月在全州范围内收集地震数据，以明确该州适合进行 CO_2 封存的地点。

2. 欧盟 CCUS 相关风险管理政策

2008 年 1 月，欧盟发布了 CO_2 封存指令草案，详细规定：封存地选址与勘探许可；封存许可；封存地运营、关闭以及关闭后的责任；第三方使用权；一般规定以及对之前一些指令的修正案。

第二节　国内 CCUS-EOR 风险管控发展现状

我国东部主要产油区 CO_2 气源较少，但注 CO_2 提高采收率技术的研究和现场先导试验却一直没有停止。注 CO_2 技术已在吉林、江苏、中原、大庆、胜利、冀东等油田进行了现场试验。

CO_2 地下埋存技术可以分为三大类：海洋埋存、地质埋存和植被埋存。其中地质埋存技术相对比较成熟。CO_2 地质埋存就是将 CO_2 存放在地下地层中的自然孔隙中，是目前最经济、最可靠的实用技术。

要实现 CO_2 安全地质埋存首先必须有相互连通的足够空间的地下岩层和能够保存足够时间的不渗透盖层，而地球中包括油藏、气藏、深部盐水层和煤层等储层都可以为 CO_2 地质埋存提供有效场所，除了这些地质储层外，包括玄武岩、油页岩、岩洞和废弃的矿藏等也可以埋存 CO_2，但相对来说量比较少。

一、国内 CCUS 全流程技术工程实例

1. 吉林油田二氧化碳捕集与驱油封存全流程技术示范工程项目

吉林油田自 20 世纪 90 年代开始应用 CO_2 吞吐技术，截至 1998 年，共施工 224 口井，其中有效井 179 口，有效率为 79.9%，累计增产原油 $2×10^4t$，平均单井增油 89.4t。2000 年 9 月尝试了单井水气交替注入（Water Alternating Gas injection，WAG）驱替，累计注气 1500t，累计增油 5120t；2004 年 3 月，采取橇装注气方式实施了 2 个井组 WAG 注入，累计注入 CO_2 3500t，后因气源不足停注，累计增油 1420t。

2005 年，发现可规模开发的长岭含 CO_2 火山岩气藏，CO_2 含量 23%，火山岩气藏与大情字井油田上下叠置，且油田具备混相驱条件，实施 CO_2 驱油与埋存优势明显。吉林油田长岭、孤店、红岗、大情字井油田等天然气藏 CO_2 含量高达 20%~98%，现已完成一定量含 CO_2 天然气井的钻井、试气等工作，且在红岗建立了 CO_2 驱试验站，在黑 59 区块建成了 CO_2 示范站，进行一段时间的试验和工业应用。在黑 59 区块，吉林油田建立了 CO_2 开发与 CO_2 驱生产全流程试验项目，在驱油方面已有突破。中国石油高度关注含 CO_2 天然气清洁开发和 CO_2 资源化利用问题，提出 CO_2 捕集、CO_2 驱油与埋存一体化（CCS-EOR）概念，在吉林油田率先推动了技术研究和实践，目前建成了黑 59 先导、黑 79 南扩大、黑 79 北小井距、黑 46 混相应用等 CO_2 驱油与埋存示范区，基本形成了 CO_2 驱油机理认识和配套开发技术，取得一定的现场经验和实施效果，为系统

开展 CO_2 驱试验和推广提供模式化、示范化基础。与其他驱油技术相比，CO_2 驱油具有适用范围大、驱油成本低、采收率提高显著等优点，CO_2 驱油在我国石油开采中有着巨大的应用潜力。随着技术的发展和应用范围的扩大，CO_2 驱油将成为我国改善油田开发效果、提高原油采收率的重要开发方式。

2. 胜利油田二氧化碳捕集与驱油封存全流程技术示范工程项目

2007 年起，胜利油田开展了燃煤电厂烟气 CO_2 捕集、输送与资源化利用技术研究，并于 2010 年应用自主开发的技术在胜利油田建成投产了集"CO_2 捕集—管道输送—驱油封存—采出气 CO_2 再回收"一体化的 $4×10^4t/a$ 燃煤电厂烟气 CO_2 捕集与驱油封存全流程技术示范工程，是国内首个燃煤电厂烟气 CCUS 全流程技术示范工程项目，获得了广泛关注。

该示范工程采用化学吸收工艺将燃煤电厂烟气中低分压的 CO_2 捕集纯化出来，并进行压缩、干燥等处理后，通过管道或罐车等方式输送至 CO_2 驱油封存区块，将 CO_2 注入地下用于强化采油。同时，通过采出气 CO_2 捕集系统将其返回至地面 CO_2 回收，并再次注入地下，实现较高的 CO_2 封存率。其中，捕集纯化系统采用了新开发的低分压有机胺复合吸收剂、"吸收式热泵 +MVR 热泵"双热泵耦合低能耗工艺和"碱洗 + 微旋流"烟气预处理技术，实现了低分压烟气 CO_2 高效、经济、安全捕集，设计 CO_2 捕集纯化产量为 $4×10^4t/a$，烟气 CO_2 捕集率大于 80%，产品纯度 99.5%。

3. 国华锦界电厂 $15×10^4t/a$ 的二氧化碳捕集与咸水层封存示范工程项目

国家能源投资集团有限责任公司国华锦界电厂 $15×10^4t/a$ CO_2 捕集和地质封存全流程技术示范工程是国内首个燃煤电厂燃烧后 CO_2 捕集—咸水层封存全流程示范项目。该项目依托国华锦界电厂 600MW 亚临界燃煤机组，采用化学吸收法 CO_2 捕集工艺，以复合胺吸收剂工艺为主工艺进行设计，同时考虑兼容有机相变吸收剂、离子液体捕集工艺，设计 CO_2 捕集能力 $15×10^4t/a$；捕集的 CO_2 利用神华煤制油公司建成的 CO_2 封存装置进行咸水层封存，设计 CO_2 封存能力 $10×10^4t/a$。该项目的成功实施有助于优化燃烧后 CO_2 捕集—咸水层封存全流程技术系统，掌握各项关键技术参数，实现燃煤电厂"近零排放"。

二、二氧化碳驱油风险防控研究现状

我国的 CO_2 驱油技术安全性研究，首先源于 20 世纪 80 年代，在 CO_2 驱油时，各种事故风险和危害因素的分析受到了广泛的关注，更多的科研院校和企业开始着重对其安全性进行分析。

通过相关资料分析发现，在压力、湿度、温度等条件适中的情况下，地层的 CO_2 会造成油井水泥的腐蚀，使水泥的环保性下降。如果情况严重，甚至会产生油管腐蚀、断裂或者套管点蚀穿孔等情况，造成井壁垮塌或者流体窜流。与此同时，在潮湿的环境下，CO_2 会腐蚀金属，导致压力容器和一些存储设备出现早期腐蚀、失效的情况。在 20 世纪 80 年代开始，我国逐步开始重视研究 CO_2 的腐蚀和防护问题，相关学者通过对 CO_2 均匀腐蚀和局部腐蚀的原理进行对比研究分析，发现对 CO_2 腐蚀产生影响的各种因素，并且总结了相关的压力容器防护方法。

在 CO_2 驱油实际运行时有可能会导致泄漏风险增加，不但会对周边人员的健康、生命、安全产生威胁，还有可能会引发大规模的生态环境问题，导致严重的后果。与此同时，一些微地震会影响地质构造，CO_2 渗入浅层可能会造成浅层地下水受到污染。在捕获与封存过程中，不可避免会产生 CO_2 泄漏等问题，相关学者对其泄漏规律进行了研究，并且对泄漏风险进行了相关的评估，构建后续的 CO_2 驱油与埋存安全评价体系，将 CO_2 作为注入气体时出现的各种可能泄漏风险进行总结，并且采取相关防护措施进行防护。通过实践分析，发现储层的物性特征以及 CO_2 自身的特点对注入气体开发时产生的气窜问题有着直接影响，可能会造成气体体积下降，降低了驱油效果。因为我国的油藏区域分布较为广阔，各地区的条件不同，导致油藏的非均质性增加。在注入 CO_2 之后，窜流的情况非常严重。另外，部分学者对 CO_2 驱油时产生的气窜问题进行分析，通过耐温、抗氧 CO_2 泡沫控制技术的研究，为防气窜提供了一定的方法。与此同时，国内很多原油中，除了原油组分外，还有一定的沥青质和蜡质。在注入

CO_2 的过程中，可能会产生沉淀进而伤害油藏。CO_2 的连续注入可能会升高油层的压力，导致其处于超临界状态腐蚀老化，出现压力失控等情况。这些超临界的 CO_2 会快速膨胀，造成井喷等危险，因此需要注意在井控方面采取合理的措施。国内相关学者在研究 CO_2 驱油风险的过程中，比对分析了不同驱油技术的优缺点，在安全生产流程防护方面进行了总结，对人员所面临的各种作业风险通过 HAZOP 法来进行分级和辨识，依照分级结果对 CO_2 驱油涉及的危险源进行了确认，并且以此为基础制定相应的控制措施。随着当前科学技术快速发展，人们越来越重视 CO_2 驱油过程的安全性，现今我国在 CO_2 方面的安全评价水平逐步提高，然而还需要与时俱进，逐步发展构建相应的安全评价规程。

三、二氧化碳驱油风险防控发展趋势

随着当前 CO_2 驱油产业化的逐步发展，在实践中出现了一定的安全问题，造成的风险越来越大。另外国家经济快速发展过程中对风险的可接受水平进一步下降，安全意识也逐步提升，急需构建一套 CO_2 驱油系统的安全性评估方案，并且以此为基础，逐步完善各种防护措施，以便建立高效、安全的 CO_2 驱油系统，这对提升石油企业发展水平和加强事故防控、具有很大的帮助。

当前在石油行业安全性评估分析方面，主要从系统风险的角度出发。然而通过安全实践分析发现，单纯通过风险角度进行评估，并且做出相应的安全决策，是一种事后处理的方式，效果并不明显。要对 CO_2 驱油系统的本质进行分析，在事前对关键节点进行控制，采取合理的预防措施，这样才能大幅度提升 CO_2 驱油安全性。脆弱性研究就是该研究体系当中一种科学合理的方式，对灾害成因的理论进行深入分析。了解各致灾因子和承载体脆弱性的耦合关系成为研究的关键。第一阶段任务在于对致灾因子和脆弱性进行分析，然后采取合理的方式进行管控，尽量防患于未然，防止灾害的发生，并且对其出现的概率进行控制。通过实践研究发现，后果脆弱性根源在于系统内部的各种风险和问题，因为系统或受外部因素的影响较大，内外扰动的敏感性较强，很容易由于

结构和功能的改变而产生一定的风险。近年来脆弱性研究受到相关领域各研究机构和学者的高度关注，在脆弱性概念逐步完善的情况下，该技术也逐步应用于 CO_2 驱油产业化安全管理。

因为工作人员缺乏相关操作技能和安全知识，以及 CO_2 驱油的要求和设计的特殊性，CO_2 驱油在受外部扰动的情况下产生的威胁较多，敏感性较强。如果缺乏应对措施，很有可能会受外部因素的威胁而导致环保、安全、健康等方面出现问题。例如，相对于传统的水驱，在 CO_2 驱油地面设备设计方面有一定的局限性。为了控制成本，当前很多 CO_2 驱油项目是在原有水驱系统方面改造形成的，这种设备在使用过程中腐蚀的情况特别突出。同时某些工作人员在具体操作方面的技术水平，操作熟练度不高。如果产生事故无法及时进行合理应对，可能会造成较大的危害。通过脆弱性研究能够对 CO_2 驱油过程中出现的安全问题进行全面分析，了解其动态性、多元性和复杂性，对 CO_2 系统的脆弱性进行深入研究，可以进一步了解 CO_2 驱油过程的具体特点，并且使其安全性提升。

在 CO_2 驱油系统构建过程中，脆弱性的影响因素众多，而且这些影响因素相互影响，相互作用非常复杂。在研究过程中需要深入探索脆弱性和影响因素间的关系。在具体操作时，需要构建相应的评价模型，并且对指标权重进行分析。然而实际操作的过程较为烦琐，无法合理地制定权重，对其进行统一衡量。通常的评价方法无法动态性地进行增删，造成评估模型非常固定，适应能力不强，而通过人工智能进行 CO_2 驱油系统评估，可以解决信用信息不完整、不确定等问题，可以在复杂的环境下对非线性问题进行处理，可以构建更好的评价模型。神经网络具有较强的自学习功能，可以在实际应用过程中融入专家系统的具体特点，转移网络结构特征，根据所学习到的知识对复杂问题进行处理，并且做出合理的判断。在脆弱性评价过程中引入神经网络模型，并且收集样本对其进行训练，使训练好的模型具有较强的泛化能力，可以有效地对新样本进行评价，而在实践中通过不断的训练，样本的容错能力也会大幅度提升，具有很好的实际应用效果。

我国在 CCUS 示范项目构建过程中，通过对 CO_2 的各种利用形式的方法进行捕捉，使石油采收率提升，在具体实践应用过程中有较好的效果。截至2020 年底，我国已投资或建设的 CCUS 项目已经达到了 40 多个，具有每年 $300 \times 10^4 t$ 的碳捕集能力，主要应用于一些小规模的石油煤化工捕集驱油项目。在 2021 年 7 月，我国首个 100 万吨级管道输送 CO_2 的 CCUS 项目出现，也就是齐鲁石化—胜利油田 CCUS 项目。预计在未来 15 年内，该油田能够大幅度提升驱油效率。

在能源紧缺和节能减排的背景下，CO_2 驱油应用前景广阔。在 CO_2 驱油项目开展过程中需要考虑的首要因素是安全性，这不仅需要不断地革新技术，也对完善安全管理提出更高要求，形成一套适用于 CO_2 驱油系统的安全性评估体系势在必行。脆弱性评价较风险评价更注重系统本质安全，将其用于 CO_2 驱油过程，对预防事故发生、降低安全投入有更好的指导作用。

第三节 国内外 CCUS-EOR 风险管控事故典型案例

CO_2 腐蚀是国内外 CCS-EOR 生产中不容忽视的问题，在油气井井下和地面设备中，受温度、CO_2 分压、流速及流型、pH 值、腐蚀产物膜、硫化物及氧含量等的影响，各种金属材料都承受着不同程度的 CO_2 电化学腐蚀，使材料完整性和承压性能受到严重破坏。在 CO_2 气井钻井或高压 CO_2 注入过程中，也可能由于操作失误或井筒破裂等原因失去控制引发井喷事故，从而造成 CO_2 及原油的泄漏。除此之外，在高浓度 CO_2 的高压注入过程中，若 CO_2 注入管由于腐蚀、机械打击、火焰作用或压应力等原因造成材料性能降低时，则很有可能破裂，并快速降压发生严重的 CO_2 沸腾液体扩展蒸气爆炸（Boiling Liquid Expanding Vapor Explosion，BLEVE），产生高压冲击波、高速飞行破片，造成高浓度窒息性气体泄漏扩散，并可能使 CO_2 迅速相变引起冻伤，这些都将危及现场操作人员的人身安全，导致生产设备设施严重破损，甚至引发多米诺事故。

一、国外 CCUS-EOR 风险管控事故典型案例

1. 与二氧化碳管道运输相关的风险

1）案例一：达科塔气化公司管道

由达科塔气化公司运营的 CO_2 管道，长 328km，年吞吐能力 $500 \times 10^4 t$，气体流平均 CO_2 含量为 95.95%，H_2S 含量为 0.80%（有时 H_2S 含量高达 2%）。该管道系统有许多安全系统，包括泄漏或破裂检测系统和沿管道路径的自动阻塞阀关闭系统。整个管道和压缩操作通过遥测技术进行监控，24h 实时测量压力、温度和流速。该遥测系统提供了早期发现潜在问题的能力。

在发生管道泄漏的情况下，阻塞阀可以隔离受影响的部分，并限制 CO_2 的释放量。任何重大泄漏都会导致大泄漏的压降，从而激活关闭阀。这种控制阀的间距根据美国交通部（USDOT）的安全法规和安全考虑规定。该管道已设计为通过内部检测设备进行检测，以检测腐蚀或其他可能影响管道完整性的缺陷。自 2000 年开始运行以来，该系统只发生过一次由组件故障引起的非常轻微的泄漏事故。

2）案例二：Denbury 管道综合体

位于得克萨斯州普莱诺的 Denbury 资源公司拥有并运营 562km 的 CO_2 管道。Denbury 管道的安全监测基于卫星全天候实时数据传输，监测关键流量参数，包括湿度水平、流量、压力和战略位置的温度。这些系统使作业人员能够平衡 CO_2 进出管道的流量，从而确保管道的完整性，并减少现场人员在极端情况下检测到问题时的响应时间。

Denbury 公司的主要跨国 CO_2 管道很少出现与意外排放有关的安全问题，主要源于严格的设计、施工管理、监督管理及有效持续的监测。但自管道运营以来，受到第三方施工造成的破坏，天气事件造成的停电、通信损坏等影响，已经发生了 5 次 CO_2 意外泄漏事件。在这些事件中，由于关闭阻塞阀或安全关闭系统，泄漏持续时间相当短，CO_2 的释放量很难测量。

2. 注二氧化碳油井泄漏风险

当井的操作人员失去对井内压力的控制，导致流体从井中流出时，就会发生井喷。有学者指出，在深盐水储层中，注入 CO_2 进行封存的最大风险是油井泄漏。这种故障是由未能充分控制注入系统的压力造成的，通常是由组件的机械故障或直接影响油井的外部事件造成，导致过程暂时失去控制，储层压力将 CO_2 和其他夹带流体向上喷出井外。与 CO_2-EOR 活动相关的井喷有 4 种类型：

（1）天然 CO_2 储层的生产井井喷。

（2）CO_2 注入井井喷。

（3）CO_2-EOR 项目的生产井井喷。

（4）在与 CO_2 注入井相关压力增加的区域内暂堵井或废弃井的井喷。

在美国，CO_2 井井喷的历史可以追溯到 1982 年 3 月，当时位于科罗拉多州南部科罗拉多高原地区的 Sheep Mountain CO_2 田（为 Permian Basin 的 EOR 活动服务的三大 CO_2 天然储层之一）发生了井喷。在大多数情况下，井喷是由人类无法控制的机械故障引起的，例如防回流阀的故障，导致压力释放，使超临界 CO_2 汽化。在这种情况下，井喷是由释放气体的高度膨胀引起的，其结果是在井筒中猛烈喷发流体（很可能夹带固体碎片颗粒）。如果在 CO_2 储层钻井过程中发生这种情况，这种现象发生的速度可能会使及时手动关闭防喷装置（BOPs）以防止井喷发生成为一项挑战。在这个快速膨胀过程中，CO_2 的绝热冷却导致气体被冷却到冰点以下。这导致了干冰或固体冰状 CO_2 水合物的成核。这些 CO_2 水合物会导致井喷变成固体颗粒的喷雾。这种冰晶颗粒可能会破坏管道和其他基础设施。

1）A 公司 CO_2-EOR 井喷案例

国外 A 公司的 CO_2-EOR 作业采用了多种安全和预防措施来监测和缓解潜在的井喷。A 公司使用警报器、自动关机和人工监控。最近，A 公司已将工地改为 24h 有人操作，以便探测和应对任何异常情况，并促进更有效地缓解措施。

正如某学者所指出的，井失控的最大危险是在完井作业期间。在这些作业中，A 公司在钻井平台上使用了标准的行业安全措施。作为防井喷策略的一部分，A 公司对油管、生产套管和表层套管进行日常监测。如果生产套管或表层套管的测量压力大于零，则自动报告发出。在过去 5 年的运营中，A 公司经历了 7 次井喷，这些事故导致他们暂时失去了对油井的控制。其中一起事故与一口 CO_2 生产井有关，当时连续油管封隔器在作业过程中失效。另外两起事故与 CO_2 注入井有关。一次是由井口的垫圈泄漏引起的；另一起事故不是油井本身的问题，而是由 HP 增压泵的机械密封破裂引起。另外三起事故与生产井有关。其中一起事故发生在修井作业时，套管阀门不小心开着；另一口生产井在转化为 EOR 生产井之前意外地开始排放 CO_2；在第三起事故中，修井作业中防喷器的安装过程出现了问题。这些事件都没有造成人员伤亡。

由于这些事件的性质，很难精确地确定每一次事件中释放的 CO_2 的数量。A 公司的工程师估计，释放速率为（1~10）$\times 10^6 ft^3/d$。在其中一口生产井中，最大的事故发生在 4 天内，A 公司的工程师估计约有 $40 \times 10^6 ft^3$ 的 CO_2 排放（4 天内平均每天排放 $10 \times 10^6 ft^3$）。A 公司已开始在其 CO_2-EOR 设施中策略性地部署固定监测器。这些监测器测量 CO_2、O_2 和 H_2S 等。上述井喷事件发生在当时没有配备固定 CO_2 监测器的井中。其中一个生产商对意外释放过程进行了 CO_2 测量，并由便携式传感器监测。距离释放物 200ft 处记录的最大浓度约为 $9310mg/m^3$（在 0℃ 时测得，下同），但浓度下降很快（30min 内）。这类数据对于验证与意外 CO_2 排放有关的风险模型极为有价值。

2）B 公司和 C 公司 CO_2-EOR 井喷案例

在过去 5 年的运营中，B 公司经历了 5 次井喷，这些事故没有造成人员伤亡。其中 4 起事故是由机械部件故障引起的，而第 5 次故障与油井本身无关，而是由与腐蚀有关的泵组件故障引起的。这 5 起事故似乎都不是人为失误造成的。

在过去的 10 年里，C 公司经历了 12 次涉及 CO_2 井暂时失控的井喷，其中 6 起事故与阀门等物理部件的故障有关。例如，一次井喷发生在防喷器的安装过程中；一起事故与人为失误有关，起因是一辆卡车倒车时碰到注入井上；还有一起"井喷"事故是由泵部件故障引起的。

美国以 CO_2 为基础的提高采收率的长达 37 年多的 CO_2 注入历史为了解深盐水油藏 CO_2 封存的风险提供了最切实的证据。无论是管道事故还是井喷事故，导致 CO_2 泄漏的绝大部分是部件故障，而不是腐蚀或人为错误。与腐蚀相关的事件很少发生，这反映了行业在实施防腐措施方面的成功。

二、国内 CCUS-EOR 风险管控事故典型案例

事实上，国内也曾发生过几起 CO_2 注入管在高压系统中破裂发生 BLEVE 的事故。对于 CO_2-EOR 注入过程，我国某油田下设的某 CO_2 驱注入井于 2009 年 10 月注气过程中突然爆炸并引发井喷，后经事故调查，发现油管位于井下约 500m 处的管壁有断裂痕迹，证实油管在 CO_2 注入时断裂，发生 BLEVE，并在注入井的狭小空间中引发井喷。下面简要介绍一些国内 CO_2 相关事故及应对措施。

1. 案例一：徐州二氧化碳气瓶爆炸事故

1）事故概况

1999 年某日上午 10 点，徐州某厂收到徐州市某供应站送来的 15 只充满的 CO_2 气瓶（由江苏某公司某 CO_2 厂充装），直接卸在厂区露天仓库内。下午 13 点 20 分，一只气瓶发生爆炸，瞬间产生的冲击波将其余气瓶全部推倒，其中一只气瓶向南射出 52m，碰撞在机修车间的铁门上，气瓶肩螺纹损坏变形，气瓶泄压后旋转进入车间，冲坏地坪，打翻工作台。一只气瓶向西约 15° 角射出 43m，撞在两墙上落地，瓶头损坏，瓶身有凹点。还有三只气瓶，一只被气浪冲倒，瓶头歪斜，瓶力受损，保险断裂泄压；另一只气瓶向西南方向约 10° 角射出 11.3m，瓶阀折断，泄压；一只气瓶向西南方向约 30° 角射出 15m，翻越 1.2m 短墙落地。此时现场一片白雾，飞沙走石。气浪将附近 2m 处砖墙推倒。距爆炸点 10m 处的二层楼机房门窗玻璃全部震碎。紧靠爆炸点 4m 处有平房一间，有人在房内午休，所幸的是平房外停放一辆 3t 铲车，缓解了爆炸所产生的冲击波，使平房没有倒塌。爆炸点现场，也因午休没有人上班（该厂 13 点 30 分上班），避免了人员伤亡。当时爆炸声大而沉闷，数里可闻其声。

2）爆炸事故分析

（1）爆炸瓶壁厚检测。

爆炸气瓶残体落在距爆炸点西南方向 5.6m 处块石结构墙根下，瓶体撕裂展开。对爆炸钢瓶从轴向、径向进行全方位密集点测厚。检测表明，壁厚最小（4.9mm）处位于钢瓶腰部，即瓶口向下 500mm 处的断口边缘。最小壁厚处在同一横截面上，断口边缘处的壁厚由于爆炸瞬间的拉伸作用而明显减薄。检测最小壁厚 4.9mm，平均壁厚 6.2mm，减薄率（1-4.9/6.2）×100%=21%。

（2）断口形态分析。

①破裂的断口呈撕裂状，断口呈暗灰色纤维状，断口不齐平，且与主应力方向成 45°。

②爆炸瓶体没有产生碎片。

③气瓶内、外无明显腐蚀。

④实际测厚均大于钢瓶标准壁厚。

（3）化学成分分析。

经光谱分析表明，爆炸气瓶的材质基本符合规程要求。

3）对爆炸性质的认定

（1）爆炸钢瓶的编号：02265；水压测验：18.8MPa；工作压力：12.5MPa；重量：45.1kg；容积：41.3L；壁厚：4.5mm；钢瓶制造厂代号：××；制造年月：1997 年 2 月；制造检验标记：（检）。钢瓶标注字样清晰、明显、完整。经查询确定该瓶材质为碳锰钢，钢号 37Mn2A。

从以上情况及有关数据分析，爆炸时气瓶没有产生碎片，瓶体也没有应力集中的地方，爆炸的原因很明显是压力较高、超压，其根据为：原始钢印很清楚地标明，该瓶工作压力 12.5MPa，我国 1979 年 4 月 25 日公布第二版《气瓶安全监察规程》即取消了设计压力 12.5MPa 规格的 CO_2 气瓶，因此该气瓶的流通使用就埋下了事故的隐患。

（2）原国家劳动总局 1979 年 5 月 8 日下达（79）劳锅字 31 号文《关于加

强二氧化碳气瓶安全管理的通知》，重申自 1980 年 1 月 1 日起，原设计压力为 12.5MPa 的 CO_2 气瓶规格取消，制造厂不得销售，充装单位也不准再以压力降为 12.5MPa 充 CO_2。从这次事故可见，通知的精神没有引起足够的重视。

（3）按上述文件精神和《气瓶安全监察规程》规定，此类气瓶不能再流通使用，更不得按公称工作压力为 15MPa CO_2 气瓶规定的充装系数 0.6kg/h 进行充装，否则将严重超压。这次气瓶爆炸事故显然严重违反了规定要求，爆炸因此不可避免。

4）问题和教训

（1）既然法规和标准已经明确规定，压力为 12.5MPa 的气瓶已不准被生产销售，但从该瓶生产日期"1997 年 2 月"来看，其仍在市场上销售流通，估计此批气瓶不止一只。要加强检查力度，从制造、销售、充装、使用方面层层把关，杜绝不合格的气瓶继续流通。

（2）加强法规、标准的学习和宣传，有关单位除学习必要的标准外，还要掌握领会新的规定和要求。这次爆炸的责任单位、销售单位与使用单位，均缺乏对法规标准的学习，对新的规定要求一无所知，安全意识淡薄，增加了事故发生的概率。

（3）严格执行气瓶充装前的检验工作，是保证安全生产、防止事故发生的重要环节。这次爆炸事故反映出一些充装单位基础工作薄弱，质保体系运转不正常，气瓶超期服役，大循环、大流通使用的状况很普遍。

（4）近年来气体供应站大量增加，有不少是个体户，其经销人员缺乏一定的培训和必要的安全知识教育，部分气体供应站条件简陋，气瓶混存，管理混乱。

（5）临夏季节，气温偏高，充装和使用单位一定要按照《气瓶安全监督规程》第九章的要求，在运输、储存和使用中加强安全管理，防止曝晒，妥善保管气瓶，才能避免事故的发生。这次瓶爆，与临夏 5 月露天晒 3 个多小时，导致气瓶膨胀升压有关。

2. 案例二：天台县某石材矿二氧化碳爆炸事故

2016 年某日，天台县某石材矿发生一起 CO_2 爆炸伤害事故，造成 1 人重伤，直接经济损失 50000 元。

1）事故发生单位概况

天台县某石材矿开采矿种为 $4.31 \times 10^4 m^3/a$ 建筑用石料（凝灰岩）。开采方式为露天开采和中深孔爆破。

2）事故发生经过和救援情况

张某在天台县某石材矿承包开采乱石。2016 年下半年，张某将钻孔承包给陈某施工，由陈某自带钻机及小工李某。王某经陈某介绍到张某处进行爆破作业，双方未签订书面合同，但口头约定由王某提供爆破设备，报酬按每根管 500 元计算。事故发生日，王某和其朋友刘某到该石材矿试爆破，王某将 CO_2 爆破设备放进陈某事先打好的孔里，因人手不够，王某要求陈某帮忙，陈某帮助王某将洞孔周围的土回填到洞里的时候，CO_2 气罐发生爆炸，造成陈某、李某两人受伤。李某被送往医院就诊后痊愈。陈某受伤后，被立即送往医院治疗，被诊断为双眼爆炸伤、右眼上睑断裂、右眼球粘连、左眼角膜丝状物、左眼角膜斑等，住院治疗 30 天，此后多次门诊复诊治疗。经司法鉴定中心鉴定，陈某伤情构成四级残疾。同时确定陈某受伤后的误工期限、护理期限为自受伤之日起至评残前一日止，营养期限为 180 日。经司法鉴定中心鉴定，陈某护理依赖程度属三级护理依赖。伤残评级后，天台县有关部门未收到陈某的伤残报告。

事发后，陈某经天台县人民法院分别以民事调解书与民事判决书形式同侵权责任人张某与王某通过民事赔偿诉讼解决此案。

3）事故发生原因和事故性质

（1）直接原因。

王某在未取得施工资质的情况下承包爆破作业工程，在实施 CO_2 爆破过程中，未确保作业环境安全，未经安全培训违规指挥；陈某、李某不具备爆破作业上岗资格就从事矿山爆破作业。

（2）间接原因。

天台县某石材矿企业安全生产主体责任落实不到位。企业未落实安全生产主体责任，未与项目经营者签订安全生产责任书；未认真开展日常的安全生产检查和隐患排查；对项目承包人张某违法施工行为没有尽到阻止监督管理的义务。

张某作为某石材矿采乱石工程的承包人，未对陈某等人进行岗前安全培训并考核。与此同时，张某将爆破作业发包给没有施工资质的王某施工。

经调查认定，这是一起一般生产安全责任事故。

4）事故防范和整改措施

（1）强化企业主体责任，规范矿山项目安全管理。

矿山经营单位是安全生产的责任主体，必须按照国家、省、市有关矿山安全管理的法规和标准严格落实单位安全责任制度、管理制度和操作规程，加强安全管理。

（2）严格矿山作业承包管理。

不得将矿山开采承包给没有开采资质的单位及个人。矿山负责人、安全员必须要持证上岗，特种作业人员需经专业培训合格，并依法登记备案后方可上岗作业。一般矿山开采人员需经岗前培训，合格后方可上岗作业。

（3）强化监管责任，明确矿山项目安全职责。

矿山企业所在地人民政府加强对矿山作业场所的安全管理和安全检查，全面落实安全属地管理责任。

3. 案例三：某气体公司二氧化碳钢瓶破裂爆炸事故

1）事故现场勘察与宏观分析

对 CO_2 钢瓶的爆炸现场情况进行了勘察分析，并对钢瓶的开裂特征、内部裂纹和内部残留物等进行宏观分析，初步分析引起该钢瓶破裂爆炸的原因。

钢瓶钢印显示，失效钢瓶为 1999 年 3 月制造，工作压力 15.0MPa，试验压力 22.5MPa，净重 49.4kg，容积 41.4L，公称壁厚 5.0mm，外径 219mm，钢瓶材料为 37Mn 钢。

现场受钢瓶爆炸的影响较轻微，固定钢瓶的钢架一端有一定变形，钢架部分焊接接头发生撕裂，上方横梁有一个灯具损坏，其余灯具正常未受影响，地面、墙壁、房顶均未见明显损坏，如图 1-3 所示。

钢瓶宏观破裂特征如图 1-4 所示，最大裂口位于钢瓶瓶体的 2/3 高度位置（距离瓶底约 800mm），即图 1-4 中区域 A 和区域 B 处。裂口沿着轴向扩展，向两侧撕裂，上端至瓶口处完全裂开，下端撕裂至瓶底位置。钢瓶内壁覆盖一层灰褐色残留物，下部有残留液态物，初步判断最大裂口区域 A 处和区域 B 处为起裂区。钢瓶破裂形状较规则，可初步判断是由钢瓶破裂导致物理爆炸。

图 1-3　钢瓶爆炸现场

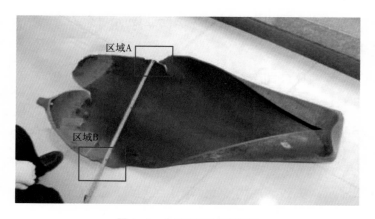

图 1-4　失效钢瓶开裂形貌

在图 1-4 中区域 A 处，裂纹存在 "Y" 字形的分叉走向，对 "Y" 字形交叉开裂位置进行进一步宏观观察发现，该区域的新口粗糙，无明显塑性形变，沿着壁厚有明显的颜色差异，如图 1-5 所示。靠近内壁的部分呈深褐色，无金属光泽，有明显的放射状条纹，为陈旧断口。靠近外壁的部分呈青灰色，有金属光泽，为新鲜断口，与主断裂面约成 45°。撕裂部位的断口平齐，呈青灰色，有金属光泽，与主断裂面约成 45°。对区域 A 附近的剩余新鲜壁厚进行测量，发现钢瓶 "Y" 字形开裂部位的最小剩余厚度约为 1mm。

图 1-5　区域 A 局部断口形貌

对钢瓶内壁进行仔细观察，发现区域 A 和区域 B 附近有多条肉眼可见的未穿透裂纹，裂纹的长度方向和钢瓶的轴向基本平行，如图 1-6 所示。裂纹周边未见明显局部腐蚀坑，裂纹长度约为 10mm。

图 1-6　未穿透裂纹形貌

由以上观察结果初步判断：在破裂爆炸前，钢瓶内壁就存在未穿透裂纹，钢瓶承压能力不足；刚充装完成的钢瓶内部压力较大，在内部压力和搬运过程的振动作用下，钢瓶最终发生了物理破裂爆炸。

2）事故具体分析

（1）钢瓶爆炸性质分析。

从现场勘察可知，钢瓶爆炸现场受爆炸的影响较为轻微，钢瓶破口呈规则状态。一般来说，钢瓶化学爆炸的能量比物理爆炸的要大得多，发生化学爆炸时现场会受到较大影响，钢瓶也会受到较严重的破坏，而且破坏基本是不规则的。通过钢瓶破裂断口的宏观观察可知，位于钢瓶 2/3 高度的部位为起裂源所在位置，裂源区附近内壁有陈旧断口特征，钢瓶剩余壁厚约为 1mm，同时裂源区附近有多条未穿透的纵向裂纹。综上可以判断，由于剩余壁厚承压能力不足，钢瓶发生了物理破裂爆炸。

（2）钢瓶应力腐蚀原因分析。

金属构件发生应力腐蚀必须满足一定的拉应力、特定的腐蚀介质环境和材料的应力腐蚀敏感性 3 个要素。

①应力条件。

应力腐蚀的出现一般仅需要较小的应力，充装 CO_2 产生的内部压力为钢瓶的应力腐蚀提供了应力条件。钢瓶充装 CO_2 后，钢瓶便承受了较大的拉应力，此应力条件可促进应力腐蚀的发生，并使其以较快的速率进行。

②材料敏感性和介质环境条件。

通过现场勘察和宏观分析发现，失效钢瓶内部存在水分。由能谱分析结果可知，陈旧断口表面覆盖物主要含有铁、氧、碳、硅、钙、氯、硫等元素，内壁粉末状覆盖物主要含有铁、氧、碳、硅、钙等元素。

该钢瓶为消防用 CO_2 气瓶，在充装 CO_2 后一般长期存放。在钢瓶内部，CO_2、水、Cl^- 等会形成复杂的介质环境，CO_2 可以溶于水，并与水发生反应生成碳酸，形成碳酸盐溶液环境或 CO_2—HCO_3^-—CO_3^{2-} 的介质环境。相关文献表明，碳锰钢在 CO_2—HCO_3^-—CO_3^{2-} 介质环境中可发生应力腐蚀。相关文献也表明，碳酸盐溶液是低碳钢和低合金钢的应力腐蚀敏感介质。由物相分析结果分知，陈旧断口表面和粉末状物质的主要成分均为 $FeCO_3$，内壁粉末物的主要成分为 $FeCO_3$ 和 SiO_2，新鲜断口的主要成分为铁。由此可见，钢瓶内部发生了应力腐蚀，主要产物为 $FeCO_3$。

（3）应力腐蚀机理分析。

在复杂的介质环境下，钢瓶内部初期会产生 Fe_3CO_4 钝化膜，直到表面钝化膜达到一定厚度并含有一定量的 Fe^{2+}。在含有 CO_2—HCO_3^-—CO_3^{2-} 和 Cl^- 等的复杂介质环境下以及拉应力的作用下，对于钢瓶内壁具有微观孔洞等缺陷的部位，由于应力集中的影响，其表面的氧化膜会被腐蚀而受到破坏。钢瓶内壁破坏的表面和未破坏的表面分别形成阳极和阴极，内壁阳极处的金属被溶解而成为离子，并产生电流流向阴极。由于内部被破坏的阳极面积比阴极面积小得多，阳极的电流密度很大，并进一步腐蚀内壁上已破坏的表面。再加上钢瓶受压产生的拉应力作用，破坏处逐渐形成裂纹，裂纹逐渐扩展直至断裂。在钝化膜的破裂过程中，Fe^{2+} 与 HCO_3^-、CO_3^{2-} 反应，主要生成 $FeCO_3$，并成为最终的主要腐蚀产物。此应力腐蚀也可能由于一种反应而发展，即由阴极反应产生的 H^+ 和 CO_2—HCO_3^-—CO_3^{2-} 之间的相互作用，共同促进应力腐蚀的发展。另外，Cl^- 等杂质的存在也可能对应力腐蚀产生促进作用。

（4）钢瓶使用管理因素分析。

由检验结果可知，钢瓶内壁存在多条陈旧裂纹，且钢瓶没有进行定期检验，未及时发现钢瓶内部的裂纹缺陷。从现场勘察和宏观分析可知，钢瓶外壁有明显的碰撞痕迹，钢瓶在运输过程中可能存在振动或碰撞。在振动和碰撞产生的冲击力作用下，钢瓶内部的裂纹逐步扩展，最终瞬间发生破裂爆炸。

3）预防措施

为预防钢瓶发生应力腐蚀开裂，可以通过采取预防措施控制应力腐蚀发生的条件。通过控制 CO_2 气体和钢瓶质量，可以避免应力腐蚀介质和降低材料的腐蚀敏感性。加强气瓶的使用管理可以及时发现钢瓶的异常情况并及时处理，减少事故发生的可能性。

（1）CO_2 气体质量控制措施。

CO_2 气体质量控制包括生产环节和充装环节的质量控制，应尽量减少 CO_2 中水、Cl^-、油等含量。钢瓶在干燥的气体环境中一般不会发生应力腐蚀开裂，但该钢瓶的应力腐蚀过程存在电化学腐蚀，因此应特别严格控制 CO_2 气体中的水含量，例如可以采取吸湿性液体吸收、用活性固体干燥剂吸收、用压缩或冷却方法冷凝等方法来减少 CO_2 气体中的水含量。

（2）钢瓶制造质量控制措施。

钢瓶制造材料、工艺等都可能导致钢瓶材质存在问题，不仅会影响钢瓶的力学性能，同时也会影响钢瓶的应力腐蚀敏感性。无缝钢瓶的制造过程可能会导致瓶体存在残余应力，并可能导致钢瓶发生应力腐蚀，可采取热处理措施，减小钢瓶瓶体的残余应力。在钢瓶制造完成后，应对钢瓶内部进行清洗和干燥，减少钢瓶内部水分和其他杂质的残留。在进行水压或气密性试验后，应采取内表面干燥处理，并予以密封。

（3）钢瓶使用管理措施。

钢瓶充装和使用单位应做好钢瓶的管理工作，并按照相关规定对钢瓶进行定期检验，及时发现钢瓶缺陷。应控制水压试验使用水中 Cl^- 的含量，减少 Cl^- 在气瓶内的残留。在水压或气密性试验后，应对内表面进行干燥处理，并予以密封。钢瓶储存和运输过程应避免碰撞和跌落，并按要求做好定期检验工作。

第二章 CCUS-EOR 项目风险辨识与评价

危险性辨识是指利用系统工程的理论和方法，分析系统及其各要素所固有的安全隐患，提出系统的各种危险性。危险性辨识即通过一定的手段，测定、分析和判明危险，包括固有的和潜在的危险、可能出现的新危险，以及在一定条件下生产的危险，并且对系统中已查明的危险进行定量化，从而为评价提供数量依据。

风险评价，又称为安全评价，是指根据危险性辨识的结果，定性或定量地判定危险的大小及其可接受程度，同时采取各种措施减少或消除危险，并同既定的安全指标或目标相比较，判明所具有的安全水平，使其达到社会所允许的危险水平或规定的安全水平为止。安全评价方法的分类方法很多，常用的有按评价结果的量化程度分类法、按评价的推理过程分类法、按针对的系统性质分类法、按安全评价要达到的目的分类法等。按照安全评价结果的量化程度，安全评价方法一般可分为定性安全评价方法和定量安全评价方法，并在此基础上发展出基于数据库和人工智能理论之上的安全评价方法[1-2]。

第一节 CCUS-EOR 相关基础知识

本节主要介绍 CCUS-EOR 相关基础知识，为后续项目风险管理奠定基础。

一、二氧化碳相态

CO_2 是空气中常见的温室气体之一，常温条件下是一种无色、无味、不助燃的气体。随着温度和压力条件的变化，CO_2 存在气态、液态、固态和超临界4 种相态（图 2-1）。当温度低于 $-78.5℃$（沸点）时，CO_2 以固态形式存在，即干冰。温度高于沸点时，干冰升华为 CO_2 气体。当温度高于 $31.2℃$、压力大于

7.38MPa 时，CO_2 进入超临界相态。在固态和超临界相态之间，则是 CO_2 的气态和液态，当气体压力较大时呈液态，压力降低后又将变成气态，其相态随温度、压力条件而变化。

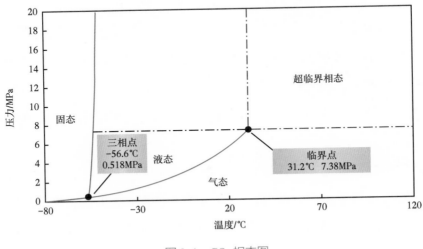

图 2-1　CO_2 相态图

二、二氧化碳密度

为了能更好地将 CO_2 封存在地层中，需要将 CO_2 压缩，使 CO_2 达到"超临界"状态。CO_2 的密度会随注入深度的增加逐渐增加，一般情况下当深度达到或者超过 800m 时，CO_2 将会达到超临界状态，超临界 CO_2 同时具有液体和气体的特性，此时随着注入深度的增加，CO_2 的密度变化会很小，处于超临界状态的 CO_2 密度约为 $750kg/m^3$。在地表将 $1000m^3$ 的 CO_2 注入地下，在地下 2km 的注入深度，其体积从地表的 $1000m^3$ 锐减到 $2.7m^3$（图 2-2）。这种特性使得 CO_2 规模化封存具有很大的可行性和吸引力。

三、二氧化碳储层和盖层

适合 CO_2 地质封存的圈闭由能够储存 CO_2 的储层和能防止 CO_2 散失的盖层组成（图 2-3），彼此间的组合配置非常重要。能实现 CO_2 地质封存的地层需要满足几个主要条件：第一，充足的储存空间和可注入性（足够大的孔隙度和渗透

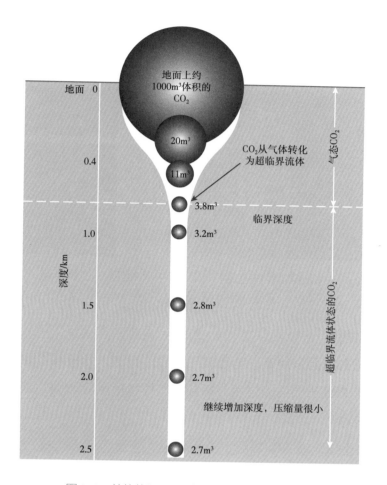

图 2-2 单位体积 CO_2 随注入深度变化趋势图

率），孔隙度大于10%的碳酸盐岩地层和孔隙度大于15%的碎屑岩地层都是比较理想的CO_2储层。第二，安全的盖层，即储层之上具有极低渗透性或几乎不可渗透的岩层，这样可以防止CO_2向上运移和渗漏。常见的盖层有页岩、泥岩、盐岩和石膏等。第三，地层深度一般大于800m，确保压力和温度使得注入的CO_2达到超临界状态，从而实现CO_2规模化封存。同时深度选择也应考虑注入成本，从技术经济角度考虑，一般不超过3500m。CO_2地质封存储层类型多种多样，主要包括沉积盆地内的深部咸水层、开采中或已经废弃的油气藏和因技术经济原因而不可开采的深部煤层，以及开采过的盐岩洞穴和玄武岩等其他类型储层。

图 2-3　CO_2 地质封存的盖层和储层（以中国神华煤制油深部咸水层 CO_2
地质封存示范工程主力储层之一刘家沟组砂岩为例）

四、经济风险

经济风险分析是采用定性与定量相结合的方法，分析风险因素发生的可能
性及给项目带来经济损失的程度，其分析过程包括风险识别、风险估计、风险
评价与风险应对。

1. 风险识别

运用系统论的观点对项目全面考察综合分析，常用的方法有基准化分析法、
问卷调查法、检查表法、流程图分析法、事件分析法、头脑风暴法、财务报表
分析法等，找出潜在的各种风险因素，并对各种风险进行比较、分类，确定各
因素间的相关性与独立性，判断其发生的可能性及对项目的影响程度，按其重
要性进行排队或赋予权重。

2. 风险估计

运用主观概率和客观概率的统计方法，确定风险因素基本单元的概率分布，
根据风险因素发生的可能性及对项目的影响程度，运用概率论和数理统计分析
的方法如概率树分析法、蒙特卡罗模拟法以及 CIM 模型等，计算项目效益指标
相应的概率分布或累计概率、期望值、标准差，以此判断风险等级。

3. 风险评价

对项目经济风险进行综合分析，根据风险识别和风险估计的结果，依据项目风险判别标准，找出影响项目成败的风险因素。项目风险大小的评价标准应根据风险因素发生的可能性及其造成的损失来确定，一般采用评价指标的概率分布或累计概率、期望值、标准差作为判别标准，也可采用综合风险等级作为判别标准。

4. 风险应对

根据风险评价的结果，研究规避、控制与防范风险的措施，为项目全过程的风险管理提供依据。

第二节　CCUS-EOR 项目风险评估方法

本节主要介绍定性、定量的安全评价方法，并以注采系统为例，结合 CCUS 项目中能够使用的评估方法进行项目风险评估。

一、定性安全评价方法

定性安全评价方法主要是根据经验和直观判断能力对生产系统的工艺、设备、设施、环境、人员和管理等方面的状况进行定性分析，评价结果是一些定性的指标，如是否达到了某项安全指标、事故类别和导致事故发生的因素等。属于定性安全评价方法的有安全检查表、专家现场询问观察法、因素图分析法、事故引发和发展分析、作业条件危险性评价法（格雷厄姆—金尼法或 LEC 法）、故障类型和影响分析、危险可操作性研究等。

定性安全评价方法的特点是：容易理解、便于掌握、评价过程简单。目前定性安全评价方法在国内外企业安全管理工作中被广泛使用，但定性安全评价方法往往依靠经验，带有一定的局限性，安全评价结果有时因参加评价人员的经验和经历等有相当的差异。同时，由于安全评价的结果不能给出量化的危险度，所以不同类型的对象之间安全评价结果缺乏可比性。定性风险评估的典型方法如下所示：

1. 安全检查表

根据有关安全规范、标准、制度及其他系统分析方法分析的结果，系统地对一个生产系统或设备进行科学的分析，找出各种不安全因素，依据检查项目把找出的不安全因素以问题清单的形式制成表，以便于实施检查和安全管理，这种表称为安全检查表（Safety Check List，SCL）。

使用安全检查表进行安全检查是安全评价中经常采用的方法，特别是对调查分析或辨识出来的危险有害因素，对照相关法律、法规和标准检查其控制措施是否符合要求，对不符合要求的危险有害因素可判定为事故隐患，评价结果为"存在不可接受的风险"。为此，评价中应针对性地提出安全对策措施，及时消除事故隐患，杜绝不安全因素，使评价结果转变为"不存在不可接受的风险"。在安全检查前编制安全检查表可使检查内容较周密和完整，既可保持现场检查时的连续性和节奏性，又可减少安全评价师的随意性。使用安全检查表可提高现场检查的工作效率，并留下检查的原始证据，此外还可明确安全管理责任，为安全培训或安全教育提供素材。

安全检查表是利用检查条款，按照有关的标准、规范等对已知的危险类别、设计缺陷，以及与一般工艺设备、操作、管理有关的潜在危险性和有害性进行判别检查。使用安全检查表进行安全检查可适用于工程、系统的各个阶段。安全检查表的编制程序为：

（1）建立一个编制小组，包括熟悉项目的各方面人员。

（2）熟悉项目，包括项目的结构、功能、工艺流程、操作条件、布置和已有的安全设施。

（3）收集有关安全法律、法规、规程、标准、制度及过去发生的事故资料，作为编制安全检查表的依据。

（4）判断危险源，按功能或结构将系统分为子系统或单元，逐个分析潜在的危险因素。

（5）列出安全检查表。针对危险因素和有关规章制度、以往的事故教训，以及本单位的检验，确定安全检查表的要点和内容，然后按一定的要求列出表格。

安全检查表广泛适用于工程项目的设计、实施、竣工验收和总结评价阶段。根据安全检查的目的、对象不同，检查的内容也有所区别，可根据不同的要求进行制定，使用很方便。安全检查表按其使用场合分为以下几种：

（1）设计用安全检查表：主要供设计人员进行安全设计时使用，也以此作为审查设计的依据。此类安全检查表的主要内容包括：厂址选择，平面布置，工艺流程的安全性，建筑物、安全装置、操作的安全性，危险物品的性质、储存与运输，消防设施等。

（2）厂级、车间级、岗位用安全检查表：内容包括工艺、装置、设施、工人安全、操作管理等。

（3）专业性安全检查表：主要用于定期的专业检查或季节性检查。

2. 危险和可操作性分析

危险和可操作性分析（Hazard and Operability Study，HAZOP）是 1974 年由 ICI 英国帝国化学工业公司提出的一种使用简单却高度专业化、系统化，能够覆盖过程工业安全评价各个细节的危险辨识和评估方法。危险和可操作性分析的基本原理是：背景各异的专家们若在一起工作，能够在创造性、系统性和风格上互相影响和启发，从而发现和鉴别更多的问题，这样比他们独立工作并分别提供结果更为有效。危险和可操作性分析研究的侧重点是工艺部分或操作步骤各种具体值，它的过程就是以引导词为引导，对过程中工艺状态的变化（偏差）加以确定，找出装置及过程中存在的危害。引导词的主要目的之一是能够使所有相关偏差的工艺参数得到评价。

危险和可操作性分析既适用于工程设计阶段，又适用于现有的生产装置，对工程设计阶段进行危险和可操作性分析，能够辨识工程设计中存在的问题，进一步完善设计方案，尽可能地消除项目中可能存在的风险隐患，提高建设项目的本质安全水平。在对现有在役生产装置分析时，通过有实际操作和安全经验人员的共同参与，能够更好地识别隐患，提出改进措施，降低操作风险。对于新建项目，当工艺设计要求很严格时，使用危险和可操作性分析最为有效。一般需要提供带控制点的工艺流程图，以便评价小组能够对危险和可操作性分析要求中提出的问题给以系统的有效的回答。同样，它可以在主要费用变动不大的情况下，对设计进行变动，在工艺操作的初期阶段使用危险和可操作性分析，只要有适当的工艺和操作规程方面的资料，评价人员可以依据它进行分析。

危险和可操作性分析适用范围很广，不仅局限于石油化工行业，稍加修改还可以应用于机械、航天、兵器、国防、核工业等领域。尤其是在石油化工行业，国内外工程技术人员已经完成了许多化工单元、装置的危险性与可操作性分析，是石油化工装置可靠性评价的理想方法，对企业的安全生产和安全管理也具有重要的指导意义。它的主要分析步骤是：

（1）充分研究分析对象，准备有关资料。

（2）审查原设计方案。

（3）选择向导性文字，分析并列出可能出现的偏差。

（4）分析发生偏差的原因和后果，以及现有保护措施。

（5）评价风险控制并提出建议，制定对策。

（6）列表记录分析结果。

3. 故障类型及影响分析

故障类型及影响分析（Failure Modes and Effects Analysis，FMEA）是可靠性分析的一种重要定性方法，是对系统进行分析，以识别潜在失效模式、失效原因及其对系统性能（包括组件、系统或过程的性能）影响的系统化程序。它研究设备的每个组成部分可能存在的失效模式，并确定各个失效模式对产品其他组成部分要求功能的影响，用以在实际安装、生产、维护时的风险进行预防，通过不断评估、验证及改进，使设备趋于最优，最终最大限度地保证设备满足生产的需求。它对各种可能的风险进行评价、分析，一方面在现有技术的基础上消除这些风险或将这些风险减小到可接受的水平，提高设备或过程的可靠性，另一方面提出失效后的应对措施。故障类型及影响分析通常处理单一失效模式及其对系统的影响，每一失效模式被视为是独立的。该分析方法不适合考虑关联失效或一系列事件导致的失效。

故障类型及影响分析的工作原理为：

（1）明确潜在的失效模式，并对失效所产生的后果进行评分。

（2）客观评估各种原因出现的可能性，以及当某种原因出现时企业能检测出该原因发生的可能性。

（3）对各种潜在的设备和流程失效进行排序。

（4）以消除设备和流程存在的问题为重点，并帮助预防问题的再次发生。

有关故障类型及影响分析原理的应用主要体现在《潜在失效模式和后果分析》工作表中。该表的内容包括：

（1）潜在失效模式：确定并说明各设备约定层次中所有可预测的故障模式，并通过分析相应方框图中给定的功能输出来确定潜在的故障模式。应根据系统定义中的功能描述及故障判据中规定的要求，假设出各设备功能的故障模式。

（2）潜在失效故障：推测每个假设的故障模式对设备使用、功能或状态所导致的后果，应评价这些后果，并将其记入分析表中。

（3）严重度：评价上述失效后果并赋予分值。

（4）潜在失效原因：确定并说明与假设的故障模式有关的各种原因，包括直接导致故障或引起使品质降低进一步发展为故障的那些物理或化学过程、设计缺陷、零件使用不当或其他过程。还应考虑相邻约定层次的故障原因。例如，在进行第二层次的分析时，应考虑第三层次的故障原因。

（5）发生概率：上述潜在失效原因出现的概率。

（6）预防措施：列出目前对潜在故障的控制方法。

（7）风险度等级：其数值越大，潜在问题越严重，越应及时采取预防措施。

（8）建议措施：列出"风险度等级"较高的潜在故障，并制定相应预防措施，以防止潜在问题的发生；应指出并评价那些能够用来消除或减轻故障影响的补偿措施，它们可以是设计上的补偿措施，也可以是操作人员的应急补救措施。

从上述内容不难看出，故障类型及影响分析原理的核心是对失效模式的严重度、发生概率和风险度等级进行风险评估，通过量化指标确定高风险的失效模式，并制定预防措施加以控制，从而将风险完全消除或减小到可接受的水平。

4. 预先危险性分析

预先危险性分析（Preliminary Hazard Analysis，PHA）通常用在具有潜在危险性的系统工程中，具体用在其设计、施工、生产和检修等环节之前，可以识别、控制潜在危险因素，用最小的代价减少潜在事故可能造成的后果，从而对整个工程系统建立系统安全分析体系，为其安全操作提出依据。预先危险性分析方法属于定性的安全评价方法，该方法包括资料准备、现场审查和结果汇总三个阶段，从讨论分析工程系统有害因素到提出相应管控措施，形成对相关系统工程的预先危险性分析，其分析步骤为：

（1）收集包括项目、工程、装置的有关资料，资料搜集应广泛。

（2）识别可能导致事故、事件后果的主要危险或事件。

（3）分析产生危害的可能原因及事故导致的可能后果，通常并不需要找出所有的原因。

（4）分析每种事故所造成的后果（通常指有可能发生事故的最坏的结果）。

（5）进行风险评价。

（6）在分析现有措施的基础上，提出消除或减少风险控制的措施建议。

预先危险性分析方法中按潜在危险、有害因素导致的事故风险（危害）程度，将潜在危害因素划为 4 个危险等级，具体如下：

（1）Ⅰ级：安全的，可以忽略的。

（2）Ⅱ级：临界的，位于事故将发未发的状态，短时间内不会对人员和设备造成损伤，但未来一段时间内需及时排患和处理。

（3）Ⅲ级：危险的，造成人员伤亡和设备损失的可能性较大，需要立刻整改潜在危害因素和采取防范。

（4）Ⅳ级：灾难性的，会造成人员重大伤亡事故，对工程系统造成灾难性破坏，需即刻排除危险且重点防范。

5. 作业条件危险性评价法

美国的 K.J. 格雷厄姆（Keneth J. Graham）和 G.F. 金尼（Gilbert F.Kinney）研究了人们在具有潜在危险环境中作业的危险性，提出了以所评价的环境与某些参考环境的对比为基础，将作业条件的危险性作为因变量（D），事故或危险事件发生的可能性（L）、暴露于危险环境的频率（E）及危险严重程度（C）作为自变量，确定了它们之间的函数式。根据实际经验，他们给出了 3 个自变量在各种不同情况下的分数值，采取对所评价的对象根据情况进行"打分"的办法，然后根据公式计算出其危险性分数值，再按经验对照以危险性分数值划分的危险程度等级表或图，查出其危险程度的一种评价方法。

作业条件危险性评价法（LEC）是一种半定量评价方法，可评价人们在某种具有潜在危险的作业环境中进行作业的危险程度，具有简单易行、操作性强、危险程度的级别划分比较清楚醒目的特点，有利于掌握企业内部危险点的危险情况，有利于促进改进措施的实施。但同时由于它主要是根据经验来确定 3 个因素的分数值及划定危险程度等级，因此具有一定的局限性，只能作为作业的局部评价，不能普遍适用。

二、定量安全评价方法

定量安全评价方法是运用基于大量实验结果和广泛的事故统计资料分析获得的指标或规律（数学模型），对生产系统的工艺、设备、设施、环境、人员和管理等方面的状况进行定量的计算，安全评价的结果是一些定量的指标。例如，事故发生的概率、事故的伤害（或破坏）范围、定量的危险性、事故致因因素的事故关联度或重要度等。按照安全评价给出的定量结果的类别不同，定量安全评价方法还可以分为概率风险评价法、伤害（或破坏）范围评价法、危险指数评价法和基于数据库和人工智能理论的安全评价方法。

1. 概率风险评价法

概率风险评价法是根据事故的基本致因因素的发生概率，应用数理统计中的概率分析方法，求取事故基本致因因素的关联度（或重要度）或整个评价系统的事故发生概率的安全评价方法。故障类型及影响分析、事故树分析、逻辑树分析、概率理论分析、马尔可夫模型分析、模糊矩阵法、统计图表分析法等都可以由基本致因因素的事故发生概率来计算整个评价系统的事故发生概率。

概率风险评价法建立在大量的实验数据和事故统计分析的基础之上，因此评价结果的可信程度较高。由于能够直接给出系统的事故发生概率，故便于各系统进行风险程度高低的比较。特别是对于同一个系统，概率风险评价法可以给出发生不同事故的概率、不同事故致因因素的重要度，便于比较不同事故的可能性和不同致因因素重要性。但该类评价方法要求数据准确、充分，分析过程完整，判断和假设合理，尤其是需要准确地给出基本致因因素的事故发生概率，显然这对于一些复杂、存在不确定因素的系统是十分困难的。因此，该类评价方法不适应基本致因因素不确定或基本致因因素事故概率不能给出的系统。但是，随着计算机在安全评价中的应用，模糊数学理论、灰色系统理论和神经网络理论在安全评价中的应用，弥补了该类评价方法的不足，扩大了概率风险评价法的应用范围。

2. 伤害（或破坏）范围评价法

伤害（或破坏）范围评价法是根据事故的数学模型，应用计算数学方法，求取事故对人员的伤害范围或对物体的破坏范围的安全评价方法。液体泄漏模型、气体泄漏模型、气体绝热扩散模型、池火火焰与辐射强度评价模型、火球爆炸伤害模型、爆炸冲击波超压伤害模型、蒸气云爆炸超压破坏模型、毒物泄漏扩散模型和锅炉爆炸伤害 TNT 当量法等都属于伤害（或破坏）范围评价法。

伤害（或破坏）范围评价法是应用数学模型进行计算，只要计算模型以及计算所需要的初值和边值选择合理，就可以获得可信的评价结果。评价结果是事故对人员的伤害范围或对物体的破坏范围，因此评价结果直观、可靠。评价结果可用于危险性分区，也可以进一步计算伤害区域内的人员及其人员的伤害程度，以及破坏范围内物体损坏的程度和直接经济损失。但该类评价方法计算量比较大，一般需要借助计算机进行计算，特别是计算的初值和边值选取往往比较困难，而且评价结果对评价模型及初边值的依赖性很大。因此，该类评价方法适用于系统的事故模型和初值边值比较确定的评价系统。

3. 危险指数评价法

危险指数评价法是应用系统的事故危险指数模型，根据系统及其物质、设备（设施）和工艺的基本性质和状态，采用推算的办法，逐步给出事故的可能损失、引起事故发生或使事故扩大的设备、事故的危险性，以及采取安全措施的有效性的安全评价方法。常用的危险指数评价法有：美国道化学公司火灾爆炸危险指数评价法、英国帝国化学公司蒙德火灾爆炸毒性指数评价法、日本劳动省化工企业的六阶段安全评价法、易燃易爆有毒重大危险源评价法及我国化工工程危险度分析方法。

在危险指数评价法中，由于指数的采用，使得系统结构复杂，难以用概率计算事故的可能性，但通过将系统划分为若干个评价单元的办法使问题得到了解决。这种评价方法将有机地联系复杂系统，将其按照一定的原则划分为相对独立的若干个评价单元，针对每个评价单元逐步推算事故的可能损失和危险性，以及采取安全措施的有效性，再比较不同评价单元的评价结果，确定系统最危险的设备和条件。评价指数值同时含有事故发生的可能性和事故后果两方面的因素，避免了事故概率和事故后果难以确定的缺点。该类评价方法的缺点是：采用的安全评价模型对系统安全保障设施（或设备、工艺）的功能重视不够，评价过程中的安全保障设施的修正系数一般只与设施的设置条件和覆盖范围有关，而与设施的功能、优劣等无关。特别是忽略了系统中的危险物质和安全保障设施间的相互作用关系。而且，给定各因素的修正系数后，这些修正系数只是简单地相加或相乘，忽略了各因素之间重要度的不同。因此，使用该类评价方法，只要系统中危险物质的种类和数量基本相同，系统工艺参数和空间分布基本相似，即使因为不同系统服务年限有很大不同而造成实际安全水平已经有了很大的差异，其评价结果也基本相同，从而导致该类评价方法的灵活性和敏感性较差。

4. 基于数据库和人工智能理论的安全评价方法

该方法能较容易地实现现有各种方法的综合，吸收各种方法的长处，使危险评价方法各特性性能有最优的组合。该方法与系统之间易于实现较好地耦合，且原始数据的收集容易实现计算机化，是安全评价的一个发展方向，可以为其他方法的改进提供有益参考。

三、安全风险评价方法适应性分析

工程项目选择风险评价方法时应考虑：活动或操作的性质；工艺过程或项目的发展阶段；危害分析的目的；所分析的项目规模和危害等。不同的风险评价方法的适应范围不尽相同，分析结果见表 2-1。

表 2-1　典型评价方法适应的生产过程

评价方法	生产阶段					
	设计	试生产	工程实施	正常运转	事故调查	拆除报废
安全检查表	×	√	√	√	×	√
危险指数法	√	×	×	√	×	×
预先危险性分析（PHA）	√	√	√	√	√	×
危险和可操作性分析（HAZOP）	×	√	√	√	√	×
故障类型及影响分析（FMEA）	×	√	√	√	√	×
事件树分析（ETA）	×	√	√	√	√	×
故障树分析（FTA）	×	√	√	√	√	×
人的可靠性分析（HRA）	×	√	√	√	√	×
概率危险评价（PSA）	√	√	√	√	√	×
作业条件危险性评价法（LEC）	×	√	√	√	×	×

注："√"表示通常采用，"×"表示很少采用或不适用。

风险评价可在项目计划、设计、制造、运行的每一个阶段进行，评价的目的和对象不同，具体的评价内容和指标也不同。评价方法的选择应当根据工作场所的性质、工艺流程的特点、岗位作业特点、技术负责程度、资料掌握情况及其他因素（如人员素质、时限、经费等）综合考虑。选用多种评价方法相互补充，以提高评价结果的可靠性。表 2-2 为典型评价方法的适用范围及特点。

表 2-2　典型评价方法的适用范围及特点

评价方法	适用范围	特点
作业条件危险性评价法	作业活动、管理活动	人的不安全活动
安全检查表法	设备设施、装置、操作管理、工厂	物的不安全状态
危险和可操作性分析	复杂工艺过程和设备的设计阶段及生产阶段	分析系统可能出现的偏离、原因及后果
故障类型及影响分析	机械电气系统、局部工艺过程、元器件故障	单一因素的事故根源
预先危险性分析	系统设计初期、方案开发初期、施工维修前的概略分析与评价	最初始的源头控制
事故树分析	已发生的和可能发生的事故事件、工艺设备较复杂的系统	多因素的事故时间，分析事故根源
事件树分析	初始事件	分析事故一旦发生后的补救措施

四、经济风险评价方法

常用经济风险分析方法包括专家调查法、层次分析法、概率树法、CIM 模型及蒙特卡罗模拟分析方法，应根据项目具体情况，选用一种方法或几种方法组合使用。

决策树法：一种在不确定情况下，利用各方案的损益期望值或折现期望值进行决策的方法。由于这种决策方法及其思路如树枝形状，因而被形象地称为决策树（图 2-4）。在进行多级决策时，决策树法有明显的优越性。

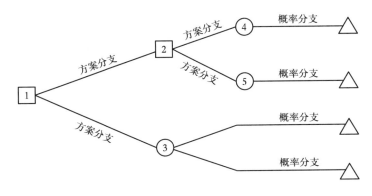

图 2-4　决策树示意图

□表示决策点，由决策点上引出的每一分支称为方案分支；○表示状态点，由状态点上引出的每一分支称为状态分支或概率分支，代表每种可能发生的状态，并标明各状态发生的概率；△表示节点，代表各种状态的损益值或净现值蒙特卡罗模拟法：在建设项目的经济评价中，由于各项估算数据具有不确定性，除了用数字化的方法来计算项目的期望值外，还可以用连续概率分布来表示项目获利性变化（图2-5）。

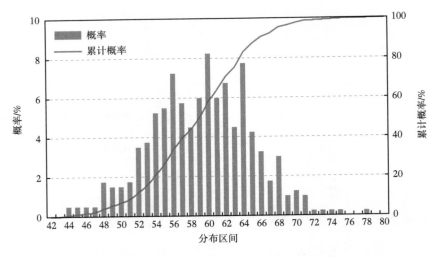

图 2-5　蒙特卡罗模拟法分析某方案净现值概率分布图

蒙特卡罗模拟的实质是利用各不确定性因素（随机变量）的概率分布来产生随机数以模拟可能出现的随机现象。当然每次模拟只能描述被模拟系统可能出现的一次情况，然而经过多次模拟，则可以得到很有参考价值的结果，这种方法可用于研究和处理有限多个随机变量的综合结果。

根据项目特点及评价要求，风险分析可参照下列情况进行：

（1）财务风险和经济风险分析可直接在敏感性分析的基础上，采用概率树分析法和蒙特卡罗模拟分析法，确定各变量的变化区间及概率分布，计算项目内部收益率、净现值等评价指标的概率分布、期望值及标准差，并根据计算结果进行风险评估。

（2）在定量分析有困难的时候，可对风险采用定性的分析。

五、地质埋存风险评价方法

CO_2 埋存条件下储层中流体与岩石间的相互作用，在微观上体现为化学反应过程，宏观上则为储层物性改变的过程。为了降低埋存的风险性，需通过开展室内实验、理论分析以及数值模拟等方法，揭示 CO_2 地质埋存完整性失效的机理，阐明影响 CO_2 地质埋存完整性的关键因素；提出 CO_2 地质埋存完整性的评价方法和评价指标，从而指导 CO_2 驱油与埋存区域的地质选择和生产参数的确定，降低埋存区域 CO_2 泄漏的风险。

CO_2 地层埋存系统主要包括水泥环—地层二界面，储层与隔层如图 2-6 所示。流体运移性质将随着地层系统条件的变化而发生改变。CO_2 地质埋存项目实施的前提之一便是检验 CO_2 注入地层的完整性，即二界面能否发生气体泄漏，以及隔层是否能有效防止流体尤其是 CO_2 的逃逸。

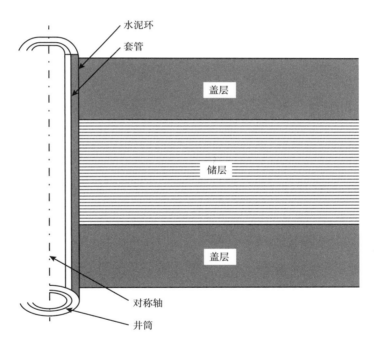

图 2-6　地层系统结构示意图

通过分析 CO_2 驱油与埋存过程可知，地层完整性失效的根源在于注采过程中化学—力学耦合作用下岩石微观孔隙结构的改变以及宏观力学变形的破坏。因此，本次研究针对水泥环—地层二界面破坏，提出了剪切破坏机理；针对隔层破坏，提出了微观封闭性失效、拉张破坏和剪切破坏 3 种主要破坏机理。

在注气过程中，CO_2不断注入并沿水平方向扩散，位于近井筒处的地层压力逐渐增大，储层不断解压实并在垂向上发生一定的位移，由于水泥环与地层胶结良好，因此水泥环—地层二界面会受到地层解压实产生剪切力的作用。同样在卸压过程中，井筒内压力急剧下降，也会令该界面受到剪切力，当该剪切力大于界面胶结强度时，将导致界面发生滑移，进而产生破坏。

隔层的微观物性封闭机理（毛细管封闭机理）是依靠隔层与储层之间的毛细管压力差来封堵CO_2流体的，其差值越大，物性封闭能力越强。考虑地层水对隔层内部地球化学反应的影响，岩石矿物溶蚀或沉淀会破坏孔隙结构，导致岩石的孔隙中值半径等微观孔隙结构发生改变，进一步弱化隔层突破压力、孔隙度及渗透率等物理性质，隔层封闭能力表现出削弱的趋势，进而出现微观封闭失效。

化学溶蚀作用和孔隙压力增加是CO_2埋存过程中导致地层完整性破坏的主要原因。储层岩石与流体之间的相互作用，会改变岩体骨架的力学特性及物理化学性质，改变隔层应力状态，例如局部地区孔隙压力可能大于最小水平主应力，使隔层发生拉张破坏；三轴主应力差异、局部应力集中、岩性变化及沉积层理等引起岩石力学参数非均质性，导致隔层沿"力学弱面"区域产生错动变形或剪切破坏，为CO_2渗漏提供路径。

第三节　CCUS-EOR 项目主要风险因素分析

一、物质危险性分析

CO_2驱注入和采油工艺中涉及的危险物质主要包括以下几种。

1. 原油

原油是一种黄色乃至黑色、有绿色荧光的稠厚性油状液体，其蒸气与空气形成爆炸混合物，遇明火、高热能引起燃烧爆炸；它与氧化剂能发生强烈反应；它遇高热分解出有毒的烟雾。原油的危险性分析如下。

1）易燃、易爆性

当原油蒸气与空气混合，达到一定浓度时，遇到点火源即可发生爆炸。一般而言，原油的爆炸极限浓度范围为 1.1%~8.7%，其爆炸下限较低，易发生爆炸。在油品处理和储运过程中，爆炸和燃烧经常同时出现，火灾、爆炸是本项目的主要危险因素。

2）易扩散、流淌性

原油受热后黏度变小，由于其蒸气密度比空气大，泄漏后的原油及挥发的蒸气易在地表、地沟、下水道及凹坑等低洼处滞留，且贴地面流动，往往在预想不到的地方遇火源而引起火灾。

3）静电荷积聚性

原油的电阻率一般为 1011~1012W·cm，最易在罐装、泵送等作业过程中慢慢积聚产生静电荷，当其能量达到或大于原油的最小点火能且原油蒸气浓度处在爆炸极限范围内时，可立即引起燃烧、爆炸。

4）易沸溢性

含有水分的原油着火燃烧时可能产生沸腾，向容器外喷溅，在空中形成火柱，扩大灾情。

5）挥发性

原油具有蒸发性，原油蒸气主要有静止蒸发和流动蒸发两种。蒸发的油蒸气密度比较大，不易扩散，往往在储存处或作业场地空间地面弥漫飘荡，在低洼处积聚不散，如达到燃烧或爆炸所需的蒸气浓度，遇点火源发生火灾、爆炸。

6）热膨胀性

密闭容器中的原油受到外界高的热辐射时，由于原油中低沸点组分会膨胀汽化，其体积会有较大的增长，导致容器膨胀或油品溢出容器，甚至发生火灾、爆炸事故。

7）毒性

原油具有一定的毒性，其蒸气经口、鼻进入人的呼吸系统，能使人体器官受害而产生急性或慢性中毒。当空气中油气含量为 0.28% 时，人在该环境中经过 12~14min 便会有头晕感，如含量达到 1.13%~2.22%，将会有头痛、精神迟钝、呼吸急促等症状。若皮肤经常与油品接触，则会出现脱脂、干燥、裂口、皮炎或局部神经麻木等症状。

2. 二氧化碳

CO_2 是一种无色无味、微毒、不可燃物质，其分子量为 44kg/kmol，常温常压（20℃，0.1MPa）下，CO_2 的密度为 1.96kg/m^3，是空气密度的 1.52 倍。CO_2 的危险性如下。

1）窒息性

CO_2 是一种能使脑血管扩张的窒息性气体，在空气中的浓度高于 137200mg/m^3 时能造成循环功能障碍从而引起昏迷甚至死亡。CO_2 有三种浓度阈值：19600mg/m^3（1%）、58800mg/m^3（3%）和 196000mg/m^3（10%）。当浓度达到 3% 时，人会出现头痛、弥漫性出汗和呼吸困难等症状。GBZ 2.1—2019《工作场所有害因素职业接触限值》中规定 CO_2 的时间加权平均容许浓度 PC-TWA 为 9000mg/m^3，短时间（15min）接触容许浓度 PC-STEL 为 18000mg/m^3，相当于 10000mg/m^3 或 1% 体积分数。

2）腐蚀性

CO_2 本身不具有腐蚀性，但 CO_2 溶于水后形成碳酸，其对钢铁尤其是碳钢和低碳钢有极强的腐蚀性。在适宜的温度、湿度、压力条件下，CO_2 会引起油管快速地均匀腐蚀，同时还可能导致点蚀、冲刷等危险的局部腐蚀，降低油管的性能。此外，CO_2—H_2O 体系在高 CO_2 分压、高负荷、高强度钢中会发生 CO_2 引起应力腐蚀开裂（Stress Corrosion Crack，SCC）。美国 Little Creek 在进行 CO_2 驱试验时发现，在没有任何抑制的情况下，CO_2 腐蚀可以导致采油油井在 5 个月内就发生腐蚀穿孔，腐蚀速率达到了 12.7mm/a。

3）升华性

CO_2 的沸点是 −78.5℃，在较低的温度下极易升华为气体。CO_2 在升华过程中大量吸收周围的热量，使周围的气温急剧下降，易造成冻伤事故。

4）相变爆炸危险性

常压下 CO_2 的沸点温度为 $-78.5℃$，三相点压力温度为 $0.518MPa$ 和 $-56.6℃$。与其他物质不同的是，CO_2 具有低的临界温度 $31.2℃$，超过临界点（$31.2℃$，$7.38MPa$）CO_2 进入超临界态，其 $p—T$ 曲线如图 2-7 所示。

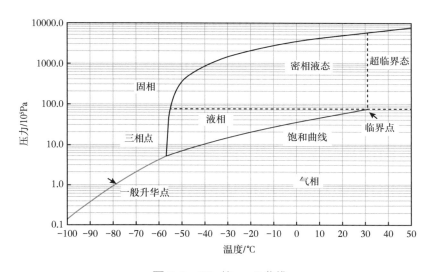

图 2-7　CO_2 的 $p—T$ 曲线

受热作用或 CO_2 腐蚀影响的注入井井筒，在 CO_2 高压注入过程中可能由于注入压力超过井筒承载力而瞬间破裂并发生迅速的相变爆炸，该现象属物理爆炸，具体类型为沸腾液体扩展蒸气爆炸（Boiling Liquid Expanding Vapor Explosion，BLEVE），其会对注入井井筒以及井口设备造成严重破坏，甚至引发井喷。

二、二氧化碳驱生产过程中的潜在危险性识别结果

例如结合 CO_2 驱注入和采油工艺全过程，充分考虑方法的先进性、适用性及 CO_2 驱油风险评价的需要，选定 HAZOP 作为详细分析的方法，安全检查表法作为一般安全分析的方法，采用 LEC 对作业环境对人的危险进行评价。

借助 HAZOP、安全检查表等方法，对生产全流程的风险进行辨识和分级，CO_2 驱油风险辨识表见表 2-3。

表 2-3　CO_2 驱油风险辨识表

序号	风险名称	危害程度	涉及岗位
1	泄漏	IV	岗位员工
2	火灾	IV	岗位员工
3	爆炸	IV	岗位员工
4	中毒	IV	岗位员工
5	环境污染	IV	岗位员工
6	CO_2 窒息	IV	岗位员工
7	治安事件	III	岗位员工
8	交通事故	III	驾驶员、乘车人员
9	坠落事故	III	岗位员工
10	物体打击	III	岗位员工
11	机械伤害	III	岗位员工
12	触电伤害	II	全部员工
13	噪声伤害	II	全部员工
14	风沙伤害	II	全部员工
15	冻伤	III	注入岗位

采用 LEC 对作业环境对人的危险进行风险辨识和分级评价，见表 2-4。

表 2-4　CO_2 驱油工作场所涉及的风险辨识表

序号	场所	危险类别	风险等级
1		车辆伤害	II
2	站内场地	CO_2 窒息	III
3		冻伤	III
4		井喷	II
5		套外窜气	III
6		火灾	III
7		爆炸	III
8	采油井	CO_2 泄漏	III
9		机械伤害	III
10		物体打击	III
11		高处坠落	III
12		触电	III
13		雷击	II

续表

序号	场所	危险类别	风险等级
14	注气井	CO_2 泄漏	IV
15		冻伤	III
16		CO_2 中毒	III
17		套外窜气	III
18		物体打击	II
19	地面集输及处理	CO_2 中毒	III
20		环境污染	IV
21	注入泵房	机械伤害	II
22		触电	III
23		中毒	IV
24		泄漏	IV
25		冻伤	III
26		噪声	III
27	仪表工作室	触电	IV
28		火灾	III
29		CO_2 窒息	II
30		冻伤	II
31	变压器	触电	IV
32		火灾	III
33		雷击	II
34	值班室	火灾	II
35		触电	II
36		CO_2 窒息	II
37	宿舍	火灾	II
38		触电	II
39	污油池	火灾	III

根据 HAZOP、安全检查表、LEC 风险评价结果，确定 CO_2 驱油涉及重点危险源，明确控制措施见表 2-5。

表 2-5 CO_2 驱油涉及重点危险源辨识及控制表

序号	危险源	主要危险物质	危险因素	主要后果	控制措施
1	油井	CO_2、原油、CH_4	腐蚀穿孔、人为破坏、自然灾害、"三违"、套外窜气	火灾、爆炸、中毒、人员伤亡、环境污染、井报废	正常状态下，严格执行操作规程和作业指导书，杜绝"三违"现象，及时整改隐患，按时巡检，从人和物两个方面削减风险。突发事件可控时，按操作规程及 HSE 作业文件、相应程序进行；不可控时，启动相应应急救援预案
2	注气井	CO_2	腐蚀穿孔、人为破坏、自然灾害、"三违"、套外窜气	窒息、冻伤、环境污染、井报废	
3	地面集输及处理	CO_2、污水、废气、废渣	腐蚀穿孔、人为破坏、自然灾害、"三违"	爆炸、中毒、冻伤、环境污染	
4	注入管线	液态 CO_2	腐蚀穿孔、人为破坏、自然灾害、"三违"	窒息、冻伤、环境污染	
5	注入泵房	液态 CO_2、NH_3	腐蚀穿孔、机械故障、人为破坏、"三违"	爆炸、中毒、冻伤、触电、机械伤害、环境污染	
6	仪表工作室	CO_2	腐蚀穿孔、人为破坏、自然灾害、"三违"	火灾、中毒、环境污染	
7	变压器	变压器油	腐蚀穿孔、人为破坏、自然灾害、"三违"	火灾、触电、电力中断、环境污染	
8	污油池	含油污水	自然灾害、人为破坏	火灾、人员中毒窒息、环境污染	

以 CO_2 注采系统为例，对系统内设备进行风险评价，可以对设备风险合理排序，这是设备安全管理的重要环节。风险评价的方法有很多，且均有其适用性和优缺点。PHA 重点考虑失效导致后果的严重程度；FMEA 可以分析系统元件的故障模式并进行分级；LEC 以人员伤亡情况为依据，将事故可能性和严重度分级；风险矩阵法是一种可以对事故发生的可能性和后果进行有效分级，利用风险矩阵得到风险类别从而实现风险排序的方法。该方法适用范围广，可操作性强。由于 CO_2 注采系统中包括井下管柱、井口装置、注入设备以及采出设备等，选择风险矩阵法可以适用于系统中的全部设备，并且能够有效达到风险

排序的目的。

对 CO_2 注采系统的设备应用风险矩阵法进行风险分析,首先考虑设备发生失效的可能性,将设备发生事故的可能性分为几乎不可能发生、很少发生、偶尔发生、可能发生、经常发生 5 个等级。

后果等级是设备失效后导致的后果严重度的评价。设备失效可能造成人员伤亡、经济损失以及环境损失,相应的后果严重度分级标准见表 2-6。

表 2-6　后果严重程度的分级标准

风险严重程度	评估标准	严重度
无	设备失效不会造成人员伤亡、环境污染,对生产几乎没有影响,经济损失可以忽略	A
轻微	设备失效可能稍微影响生产,造成轻微经济损失,人员可能存在轻微受伤情况,或者对环境有轻微影响	B
中等	设备失效影响生产正常进行,造成一定经济损失;或者设备失效后果可能导致人员伤亡或环境污染,需要及时采取措施防止事故发生	C
高	设备失效后果严重,严重影响生产,造成巨大经济损失,维修和更换都较为困难;或者设备失效可能导致如火灾等事故,造成严重后果,威胁周围区域内人员和设备安全	D
严重	设备失效导致生产长期无法进行,导致严重的人员伤亡事故,或者经济损失巨大,社会影响恶劣,且极难修复	E

将失效发生率和后果严重度组合可以得到风险结果,风险的结果可以通过一个 5×5 的风险矩阵获得,矩阵中以可能性类别为纵轴,后果类别为横轴,将矩阵划分不同的风险区域。风险矩阵如图 2-8 所示。

矩阵中可以看到,随着箭头方向,即失效可能性和后果的增加,数字越大的区域风险越高,依次为Ⅰ级、Ⅱ级、Ⅲ级、Ⅳ级,可以以此为依据划分需要重点关注的高风险区域。风险级别越高,越需要得到关注,企业需要对风险高的设备进行优先检测、监测,采取安全措施。

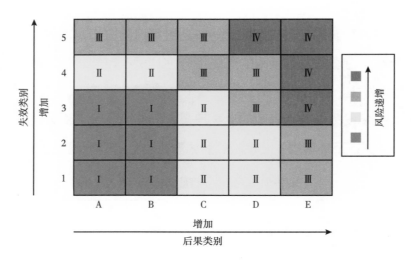

图 2-8　风险矩阵

　　基于风险的检验（Risk Based Inspection，RBI）的可能性分析和分析方法可以完成对生产工艺、设备、人员等情况的评估，提供风险相对等级。可能性类别由设备的总量、破坏机理、检验的核实性、当前设备条件、流程的性质以及设备设计构成，其分值分别通过设备系数（EF）、破坏系数（DF）、检验系数（IF）、条件系数（CCF）、工艺系数（PF）、机械设计系数（MDF）确定，再将这些分值组合得到可能性系数。

　　设备系数（EF）的分级标准根据系统内的设备数量决定，具体标准见表 2-7。

表 2-7　设备系数 EF 的确定

设备系数等级描述	设备系数 EF	评估体系
全部装置（一般多于 150 个主设备）	15	
装置中某个单元（一般为 20~150 个主设备）	5	
装置中某个系统或工段（一般为 5~20 个主设备）	3	

　　破坏系数（DF）考虑设备的损伤机理，RBI 中的破坏机理包括全面腐蚀、局部腐蚀、应力腐蚀开裂等，也将腐蚀机理与系统运行条件相结合，确定破坏系

数的大小。破坏系数的分值确定见表 2-8。

表 2-8　破坏系数 DF 的确定

破坏系数等级描述	破坏系数 DF	评估体系
存在可能导致碳钢或低合金钢腐蚀裂纹的破坏机理	5	
存在因低温、回火脆化或未经冲击试验充分评定而引起碳钢材料存在发生灾难性脆性失效的可能	4	
存在热疲劳或机械疲劳损伤机理	4	
存在高温氢侵蚀的可能性	3	
存在奥氏体不锈钢应力腐蚀开裂的可能	3	
存在局部腐蚀可能	3	
存在全面腐蚀可能	2	
存在蠕变破坏可能	1	
存在其他损伤机理的可能	1	
存在材料退化，如 δ 相析出、渗碳、珠光体球化等的可能	1	
存在潜在破坏的可能，材料未经评估并未进行定期检查	10	

检验系数 IF 的确定考虑系统中容器、管道以及整体上的检测程序，如果检测的方法、程度达到预期效果，能够有效检测出破坏机理和破坏情况，将得到一个负数的分值，对之前的破坏系数一项能够有所抵消。检验系数 IF 的评分分为容器检测 IF1、管道检测 IF2、总检测程序 IF3 三项，将三项的分值相加得到最后的 IF 值。

工艺系数（PF）中 PF1 考虑系统中工艺中断的次数，以平均每年发生的次数为标准；PF2 考虑工艺的稳定性和工艺中的不安全因素；PF3 考虑运行中的结垢和堵塞情况是否存在，对工艺造成影响。工艺系数的评分最大分值是 15，分数越高，工艺越危险。工艺系数 PF 的最终结果是将 PF1、PF2、PF3 相加而得到的，各项的评分标准见表 2-9。

表 2-9 工艺系数 PF 的确定

分类	情况描述	工艺系数 PF
工艺中断次数的年平均值的确定（PF1）	中断 0~1 次	0
	中断 2~4 次	1
	中断 5~8 次	3
	中断 9~12 次	4
	中断多于 12 次	5
运行中的关键工艺变量的评估（PF2）	工艺稳定且不存在可能造成反应失控或其他不安全条件的组合	0
	异常操作会导致不安全因素的增加	1
	存在可能导致设备加速破坏的其他不安全因素	3
	工艺中固有的高危险性	5
对由于堵塞或工艺结垢而导致保护装置失效的评估（PF3）	运行状况清洁，没有堵塞可能	0
	出现轻微结垢，有较小堵塞可能	1
	出现明显结垢，有较大堵塞可能	3
	保护装置已经在使用中损坏	5

条件系数（CCF）首先考虑系统或设备的内部管理，与相关的标准相比较，其次考虑系统中设备或管道的设计是否符合规范，质量是否达到标准，最后考虑设备或管道的维护情况，与相应的规范要求相比较，给出一定的分值。该系数的主要依据是设备的外观检查情况和维护费用的多少。最终条件系数是 CCF1 至 CCF3 的和。条件系数的评分见表 2-10。

表 2-10 条件系数 CCF 的确定

分类	情况描述	工艺系数 CCF
装置内部管理（CCF1）	明显地优于相关的工业标准	0
	接近相关工业标准	2
	明显低于有关工业标准	5
装置设计与建造质量的检验（CCF2）	明显地优于相关的工业标准，使用更严格的标准	0
	接近相关工业标准，使用典型的合同标准	2
	明显低于有关工业标准	5
装置维护程序有效性的审查（CCF3）	明显地优于相关的工业标准	0
	接近相关工业标准	2
	明显低于有关工业标准	5

机械设计系数（MDF）中，MDF1 的值要求根据系统中设备或管道的机械设计及维护情况是否达到要求进行评价，MDF2 的值要求以系统中的工艺设计条件为依据进行评价，系统中存在工艺条件苛刻的情况将会影响设备或管道的运行安全和使用寿命。机械设计系数 MDF 的最终结果为 MDF1 和 MDF2 相加的和。机械设计系数的评分标准见表 2-11。

表 2-11　机械设计系数 MDF 的确定

分类	情况描述	工艺系数 MDF
设备设计与维护的评估（MDF1）	设备的设计不符合当前有效的规范和标准	5
	设备的设计和维护符合其建造时有效的标准和规范	2
	设备的设计和维护符合当前有效的标准规范	0
工艺设计条件的评估（MDF2）	工艺异常或工艺设计条件均为极端条件	5
	工艺是通用的且符合标准设计条件	2

后果分析主要考虑设备失效后造成人员伤亡情况、对生产造成的影响、环境污染情况，以及停产、设备维修和更换、环境治理等方面造成的经济损失。

后果分析采用专家打分的方法，选择 5 名熟悉系统流程以及设备可能发生的事故危害的现场负责人、设备方面的专家以及安全方面的专家，对设备可能发生的失效后果等级打分，取得平均值，以实现设备失效后果严重程度的分级。专家打分表格按照严重程度的分级标准分为 5 个等级，后果从轻微到严重依次为 1、2、3、4、5 分，对照为 A、B、C、D、E 5 个等级，见表 2-12。

表 2-12　分数等级对照表

分数	等级
1~1.5	A
1.5~2.5	B
2.5~3.5	C
3.5~4.5	D
4.5~5	E

对于 CO_2 注采系统，根据风险矩阵评价方法，分析系统中各个设备的失效可能性和后果严重程度，对照评估标准确定相应等级，再代入到风险矩阵中得到风险类别。分析各个设备的失效可能性，CO_2 注采系统中的设备项在 5~20 个之间，因此 EF 取值为 3；考虑 CO_2 注采系统中的设备失效机理，由于 CO_2 的大量注入，且采油过程中存在油水混合物，导致 CO_2 腐蚀严重，将可能导致井下管柱、采油井口以及地面集输管线的全面腐蚀和局部腐蚀。另外由于液态 CO_2 的低温，对于注入系统将可能存在因低温引起的脆性失效可能。分析系统中由于设备或管道失效造成的工艺中断次数、结垢堵塞情况以及安全保护装置是否可靠，综合得到各个设备的工艺系数。可能性类别的分析结果见表 2-13。

表 2-13　可能性结果

设备	EF	DF	IF	CCF	PF	MDF	可能性类别
CO_2 罐车	3	5	−2	6	1	0	1
注入泵	3	1	0	6	1	0	1
注入管线（泵前）	3	5	−2	6	1	0	1
注入管线（泵后）	3	9	−2	6	3	0	2
井口设备	3	13	−2	6	5	0	2
井下管柱	3	14	−2	6	7	0	3
集输管道	3	14	−2	6	7	0	3

由此得到，CO_2 注采系统中井下管柱和集输管线风险类别最高，为Ⅲ。因此，再结合危险源辨识的结果，对于 CO_2 注采系统，应当重点关注井下管柱和集输管线的 CO_2 腐蚀，优先对其进行检测、监测，以保证系统安全，防止事故发生。

三、项目运行经济风险分析

影响项目实现预期经济目标的经济风险因素来源于法律法规及政策、市场、资源、技术、工程方案、融资方案、组织管理、环境与社会、外部配套条件等一个方面或几个方面。影响油气开发投资项目效益的风险因素可归纳为下列内容：

（1）市场风险：原油、天然气产量与价格。

（2）建设风险：建筑安装工程量、设备选型与数量、土地征用和拆迁安置费、人工、设备材料价格、机械使用费及取费标准等。

（3）融资风险：资金来源、供应量与供应时间等。

（4）建设工期风险：工期延长。

（5）运营成本费用风险：投入的各种材料、燃料、动力的需求量与预测价格、人员费用、管理费取费标准等。

（6）政策风险：税率、利率、汇率及通货膨胀率等。

四、二氧化碳埋存风险分析

CO_2埋存后一旦发生逃逸会导致严重后果，如引发地表隆起或凹陷、污染饮用水及破坏海洋生态等，使减少温室气体效应的初衷毁于一旦。

CO_2的逃逸方式通常是通过已有井的渗透和扩散、地层裂隙或断层、密封性差的盖层以及地震等，虽然废弃油气井经过混凝土封堵，但是随着时间的推移，井壁、堵塞混凝土甚至井口附近的岩石都可能出现裂隙，造成气体渗漏。

CO_2泄漏会污染可饮用地下水层。在超临界状态下，CO_2是一种高效的溶剂，并可从储层中提取出如多环芳香烃的污染物。这些有毒组分具有可移动性，并可能影响附近地层水水质。

一般认为在油气藏中埋存CO_2比较安全，因为已经开采的油气田在亿万年的地质历史时期都完好地保存了其中的流体资源，而且开采过的油气藏都有完好的地质勘探资料，有利于选址和安全性评估。由于CO_2的密度小于水，有上浮趋势，而盐水层上覆盖层的密封性没有经过像油气田盖层的自然证明，泄漏风险较高。

>> 参考文献 >>

[1] 张军，肖丰浦，董海，等.油田 HSE 风险防控现状分析及对策建议 [J].石油化工安全环保技术，2020，36（4）：1-5.

[2] 修志伟，姜东泉，王经宇，等.风险评价与风险控制技术在矿山企业中的应用 [J].山东国土资源，2005（8）：49-51.

第三章 CCUS-EOR 项目地质风险防控方法

CCUS-EOR 项目作为"碳达峰、碳中和"的托底技术，必须要考虑 CO_2 长期埋存地层的安全性、埋存量的可核算性、埋存状况可监测性。因此，针对以上要求，本章主要阐述 CO_2 埋存地质体选择方法、碳埋存量核算方法及长期埋存安全状况监测技术[1-4]。

第一节 CCUS-EOR 项目地质体选择方法

埋存体的安全稳定性是 CO_2 长期有效安全埋存的重要基础。CO_2 埋存后一旦发生逃逸会导致严重后果。吉林 CO_2 埋存试验区所处松辽盆地地震活动较少，构造相对稳定，具备较有利的盖层封盖条件，具有相对独立的地下水水体环境，比较有利于进行 CO_2 地质埋存。

一、二氧化碳埋存地点的选择及基本准则

对于 CO_2 埋存地点的选择，在世界范围内有很多沉积型盆地适合地下埋存 CO_2。一般用如下 3 个标准评价一个盆地是否具备进行地质埋存 CO_2 的条件：

（1）对盆地特征的研究程度：主要包括盆地的大地构造特征、区域地质—地层或层序格架，以及地热和水动力背景等。

（2）对盆地资源的勘探程度：主要内容包括盆地资源的类型，如对油、气、煤或盐等资源的勘探程度，以及相应的基础设施建设等。

（3）社会因素：取决于一个区域整体经济发展水平、法律完善程度及公众对环境意识的关注程度等。合适的埋存 CO_2 盆地大多数都位于稳定板块边缘或板块内部，例如稳定的克拉通盆地、稳定的前陆盆地等。而处于构造活动带，如处于盆地边缘的削减带或一系列活动的山系、环太平洋或地中海北部构造带，

地层极易遭受挤压、抬升、剥蚀，褶皱、断层及断裂十分发育，都有潜在的渗漏风险，故而不适合 CO_2 的长期稳定埋存。

一般具有以下特征的盆地不适合埋存 CO_2：

（1）埋藏深度比较浅，一般小于 800m。

（2）储盖组合关系比较差。

（3）处于褶皱带。

（4）断裂发育或有断层。

（5）成岩作用较强。

（6）沉积地层岩性变化很大，横向连续性差。

（7）储层遭受过度压实使孔隙度及渗透率较低。

根据目前的研究程度，盆地中主要有 3 种地质体比较适合地下埋存 CO_2：

（1）石油与天然气储层。

（2）深层咸水层。

（3）不可开采的煤层。

二、油气藏储层埋存二氧化碳的地质条件

1. 二氧化碳地下埋存体封盖条件

要有效地埋存 CO_2 的任何一种储集体，其上方必须有不渗透的封盖层进行遮挡和封闭。盖层的好坏，直接影响 CO_2 在储体中的聚集效率和埋存时间。并且盖层的发育层位和分布范围也直接影响 CO_2 存储地点的选择，因此在选择进行 CO_2 地下地质存储时，一定要有好的储盖组合关系，并对盖层的完整性、有效性进行严格的评估。

适合对 CO_2 埋存进行有效封盖的盖层首先由低渗透率的岩层组成（如膏盐、泥质岩类），且本身不发育裂缝，并具备一定的厚度、连续性和韧性，同时没有遭废弃的、易渗漏的钻井破坏。因为一般 CO_2 注入储层后，其地层压力都会有所增加，当地层压力增加到一定程度后，很容易诱发盖层中产生潜在的微裂缝或裂隙，从而降低封闭性能。另外，当大量 CO_2 注入储层时，CO_2 容

易形成连续性气窜，如果盖层太薄，很容易被注入的 CO_2 突破，造成渗漏现象出现。

2. 二氧化碳地下埋存体构造稳定性

一般情况下，断裂破坏了岩层的连续性、延展性，尤其是破坏盖层的横向完整性及连续性，使得区域封闭性能整体降低。所以，宏观上要选择地层和构造都比较稳定的沉积盆地，对于具体的埋存点，要对埋存体的断裂稳定性进行地球动力学模拟，分析断层的性质和产状，尤其是要表征在 CO_2 注入和埋存的过程中断层的滑动趋势、周围孔隙流体压力的稳定性，以及两者之间的作用关系等因素。

断层的性质和产状很大程度上也决定着断层在 CO_2 埋存中的封堵或通道作用。通常受压扭力作用的断层，断裂带接触是比较紧密的，断层面有封闭的性质，有利于对 CO_2 的封堵；而张性断层则相反，相对而言，张性断层更有利于 CO_2 的注入或渗漏。

对于一个枯竭的油气田进行 CO_2 埋存，合理处理众多废弃井对于 CO_2 的安全埋存至关重要。每一口钻井都将可能对地下地质结构、压力系统的完整性造成一定的影响，甚至会破坏原有封闭的储层或断裂系统，影响整个埋存体的地层或构造的稳定性。

3. 二氧化碳地下埋存体水文地质条件

CO_2 在储体埋存的过程中，不论是物理捕集还是地球化学捕集方式，都将受到岩层的压力、温度和地球化学等因素综合影响，而这些因素都与一定的水文地质条件相关，所以合适的水文地质条件也是 CO_2 长期有效地安全埋存的基础条件。

1）地层水成分及化学性质

一般情况下，地层水的化学成分主要以 Na^+、K^+、Mg^{2+}、Ca^{2+}、Cl^-、SO_4^{2-}、HCO_3^- 等为主。通过这些离子的含量，分析地层水化学成分的特点、形成条件及影响因素，以及各层位特别是埋存体的地层水的矿化程度、pH 值、硬度，以及因离子间浓度差异所引起的扩散作用等因素，综合判断和分析地层水与地层、区域含水层与隔水层、咸水层和淡水层，以及咸水层之间的相互作用信息。例如，如果地层水中 CO_3^{2-} 和 HCO_3^- 富集，并且 Mg^{2+} 又比 Ca^{2+} 占有优势，说明该层地层水与地表水或潜水有密切的联系，上覆和侧向潜水水源补给充沛，表现出地表是淡水的特点，那么此地层水系统是不适宜进行 CO_2 埋存的。因此在进行埋存体及周边水文地质研究时要结合地层水的承压系统、径流或水源方向及地层水化学性质的研究，综合考虑评估地下含水层系统的封闭性能。

2）流体驱动力和运移方向

地层流体在沉积盆地中流动的驱动力主要包括：

（1）大陆架沉积物压实作用的驱动。

（2）造山带中的构造挤压的驱动。

（3）山间、前陆或克拉通盆地中的地势的驱动。

（4）前陆或克拉通盆地受侵蚀作用或冰川溶解而造成的地层回返驱动。

对局部存储体来说，溶解 CO_2 的流体因为密度差所产生的驱动力也是增加 CO_2 在流体中溶解量的重要因素，当然这种驱动力相对于整个盆地的驱动力来说是相当微弱的。

不同的沉积盆地因为所受的驱动机制不一样，它的流体运动方向也不一样。有利于存储 CO_2 的流体系统是在重力影响下形成的流体驱动力和运移方向，因为它们的地层及其构造相对比较稳定，且更接近于静水压力状态下比较稳定的流态。对于浅海大陆架来说，因为地势变化较大，地层的沉积厚度和岩性变化差异性也比较大，所产生的差异压实作用很容易导致流体间形成异常高压而驱使流体发生垂向运动或沿浅部地层运移，使渗漏成为可能；对通过构造挤压并侵蚀回返获得驱动力的地层，本身就多处于构造活动带，断层、断裂、褶皱情况十分多，地层的横向变化比较快，这些不稳定的因素都不利于 CO_2 安全且长期存储。

3）垂向压力梯度

垂向压力梯度的变化将影响溶于地层水的 CO_2 垂向上所受的浮力作用。在一定程度上，流体垂向运动速率随着垂向压力梯度变化越大而增加越快，CO_2 所获得浮力作用也随着变得越大。一方面有利于饱和水（溶 CO_2）和未饱和水、未饱和水和未溶解的 CO_2、未溶解的 CO_2 与层内孔隙气体之间的互相接触和交换，进而增加 CO_2 的溶解捕集量和剩余 CO_2 捕集量；另一方面也将增加 CO_2 与浅部断层及裂缝的接触机会，使发生逃逸成为可能。同时，一旦储层注入 CO_2 后，注入的压力和注入的 CO_2 将破坏原有储层的垂向压力梯度，有可能破坏原有封盖系统的稳定，造成不可预知的情况发生。

以上条件是衡量废弃油田的油气藏是否具备进行地下地质埋存 CO_2 的主要标准。而且向储层中注入 CO_2 可以提高油气采收率，实现油气增产与环境保护的双赢。大多数实施地下地质埋存 CO_2 的油气藏要么已经枯竭，丧失进行经济开采的能力，要么已经处于油田二次开发的晚期阶段。大多数油田在经过二次注水开发后，原有的油气储层空间大多都被地层水或者咸水所充填，形成了咸水层，所以其地质埋存条件与 CO_2 在咸水层中埋存条件有相似之处。但因为油气藏是既有储层的存储，并且原有的油气储层已经认证，又具备较高的存储能力，以及比较高的安全可靠性能，这又不同于一般的咸水层。因此在油气藏中埋存 CO_2，需要在原有油气勘探和开发的研究工作基础上，对储层的沉积类型（碎屑岩、碳酸盐岩）、三维立体几何形态、储层埋深、厚度和完整性，以及储层的物性和非均质性进行重新评价，从而对 CO_2 存储能力做出客观、准确的评估。

采用油气田封存 CO_2 的情况有两种：一种是利用废弃油气田储存 CO_2，原理是采用酸气封存技术，这种方法早在许多年前已有应用，目的是为了处理油气开采及后续提炼过程中的酸气，这是一种 H_2S、CO_2 及其他副产品的混合物质，CO_2 大约能占总量的 90%。在废弃油气田的原始储油气层中直接注入 CO_2，能够可靠地封存 CO_2。另一种就是采用 CO_2-EOR 技术，在已开采过的储油层中直接注入超临界状态的 CO_2，在高压条件下 CO_2 推动原油向生产井附近流动从而提高石油的采出率，其中一部分 CO_2 溶解于没能被开采的原油中或储存于地层孔隙之中，另一部分 CO_2 随着原油、天然气和水从生产井中排出，这部分 CO_2

可以通过分离和压缩由注气井循环再注回到储油层。目前这种技术比较成熟，老油气田附近的发电厂、化肥厂等产生大量 CO_2 的企业，比如大庆油田、吉林油田、长庆油田、新疆油田等，都在考虑收集 CO_2，将其液化后输送到废弃的油井、气井中，把 CO_2 长期安全地埋藏到地下地层里，这样可增加油田采油井、采气井的产量，并且环保。

第二节　CCUS-EOR 项目碳埋存量核算

随着国内碳市场的建立和逐步扩大，国家发改委根据国内节能减排项目特点，备案了 189 个温室气体自愿减排方法学，对温室气体减排效果进行量化核证，核证后的减排量进入市场交易，在全国碳排放权交易市场中发挥了重要的抵销机制作用。

为满足以开发地质碳汇封存减排 CO_2 为主要目的的 CO_2 捕集、运输和驱油封存项目运行和管理要求，规范国内 CO_2 捕集、运输和驱油封存项目的实施、计量和监测方法，确保项目所产生的核证减排量（CCER）达到可测量、可报告、可核查的要求，推动国内 CO_2 捕集、运输和驱油封存项目自愿减排交易，推动 CCUS 项目纳入碳交易市场实现碳汇效益，根据国内已备案的温室气体自愿减排项目方法学框架，建立 CCUS 技术碳减排量核算方法与指南，旨在准确核算和规范报告项目净减排量和泄漏量，为 CCUS 项目纳入碳市场奠定基础。同时可作为《中国石油天然气生产企业温室气体排放核算方法与报告指南》中 CO_2 回收利用量核算的补充方法，将 CO_2 地质或驱油的减排量从企业总排放量中予以扣除。

一、适用条件

本方法适用于从工业设施排放的尾气或伴生气中回收 CO_2，并输送至油藏和盐水层等地质碳汇进行驱油和封存，从而减少工业项目排放至大气的 CO_2 总量。其中 CO_2 捕集、运输、驱油与封存设备可以是既有的或新建的。

在该项目活动实施之前，工业设施的尾气和伴生气直接排放到大气中。应通过以下方法之一来证明：

（1）设计说明书和规划示意图。项目参与方需要出示由 CO_2 排放企业提供的生产工艺设计说明书和规划示意图，以说明 CO_2 是直接排放。

（2）通过现场审定确认不存在 CO_2 捕集装置和外输管道。

（3）通过直接测量在项目活动之前最近三年内被排空的碳源数量，或通过企业监测记录、生产报告、财务报告等资料获取相关信息。

在该项目活动实施之前，工业设施的尾气和伴生气回收的 CO_2 用于工业用途（比如销售给食品、消防或化工等），应通过以下方法之一来证明：

（1）销售记录，项目参与方需要出示由 CO_2 排放企业提供的销售记录。

（2）CO_2 捕集压缩装置和罐车（或管道）运行参数记录，项目参与方需要出示由 CO_2 排放企业提供的捕集回收装置运行参数。

在该项目活动实施之前，油田区块采用注水或注聚驱油开发。应通过以下方法之一来证明：

（1）油田在运行项目开发方案。项目参与方需要出示由油田公司提供的油藏开发方案，以说明该油藏区块未采用 CO_2 驱油和埋存。

（2）通过现场审定确认不存在 CO_2 注采、集输和循环回收工艺装置。

在该项目活动实施之前，油田区块已采用注 CO_2 驱油开发。应通过以下方法之一来证明：

（1）在运行项目的油田开发方案。项目参与方需要出示由油田公司企业提供的油藏开发方案、运行数据和温室气体减排核算量，以区分不同核证项目的减排量。

（2）通过现场审定确认存在的 CO_2 注采、集输和循环回收工艺装置规模。

（3）该项目的油田开发方案。项目参与方需要出示由油田公司企业提供的核证项目的油藏开发方案。

工业设施的尾气和伴生气可回收的 CO_2 总量小于油藏和盐水层的封存量潜力。

项目各环节工艺设施至少有 3 年的运行历史数据，包括化石燃料使用量、电力消耗量、CO_2 和原油生产数据，用于确定基准线排放。

CO_2 排放方和埋存方的生产经营不因该项目活动而有实质的改变（例如产品变化）。

任何以 CO_2 驱油为利用方式的 CCUS 项目均可参考本指南核算项目碳排放量，并编制项目碳排放报告。

二、引用的定义

CCUS（CO_2 捕集、利用与封存）涉及的项目活动包含以下方面：

（1）通过化学吸收法和物理吸附法捕集和分离 CO_2，并压缩至运输要求的压力。

（2）通过管道／槽车将 CO_2 输送至 CO_2 驱油与埋存的油田接收站。

（3）CO_2 驱油与埋存系统包括 CO_2 注入、采出、净化和循环再注入，直至最终安全埋存于地质体中（油藏／盐水层）。

该方法指南引用了以下定义：

（1）CO_2 捕集、利用与封存：为区别其他的 CO_2 利用项目，本方法特指捕集和分离工业尾气和伴生气中的 CO_2，并运输至油田和盐水层所在地，注入油藏和盐水层等地质碳汇进行安全永久封存的项目活动。

（2）CO_2 捕集：指将工业装置排放气中的 CO_2 同其他组分分离的过程，主要有化学吸收法、物理吸收法、物理吸附法、膜分离法和深冷分离法等。

（3）CO_2 运输：指将 CO_2 从捕集方输送至油田或盐水层的过程，主要有管道、槽车和船舶等方式。

（4）CO_2 驱油与封存：指将 CO_2 注入油藏驱替油气并滞留于油藏孔隙的过程，包括油气注采、集输和处理等工艺过程，CO_2 通过溶于地层水或与岩石反应成矿固化和地层吸附成为构造圈闭，永久滞留并封存于地下，部分 CO_2 溶于原油或作为伴生气采出。

（5）尾气：工业生产过程直接排放至大气的烟气，组分以 N_2 和 CO_2 为主，组分浓度有差异。

（6）伴生气：天然气藏开发过程中伴随天然气开采出的 CO_2，为达到商品天然气指标被脱除，可进一步净化后作为 CO_2 商品气销售。

（7）地质碳汇：包括油气藏、煤层和盐水层等。

（8）燃料燃烧排放：指化石燃料出于能源使用目的，有意将氧化过程产生的温室气体排放。报告中主要指 CO_2 捕集、运输和驱油各个业务环节，化石燃料用于动力或热力供应的燃烧过程产生的 CO_2 排放。

（9）工艺放空排放：指油气生产过程中因工艺要求有意释放到大气中的废气流携带的温室气体排放，包括 CO_2 运输和石油生产各业务环节通过工艺装置泄放口或安全阀门有意释放到大气中的 CH_4 或 CO_2，如管道泄压排放、单井储罐装置泄压排放、接转站和联合站放空排放等。

（10）逸散排放：指非有意的、由于设备本身泄漏引起的无组织排放和采出液中溶解的 CO_2 随压力降低解吸散逸至大气中，包括原油生产各业务环节由于设备泄漏产生的无组织 CH_4 排放和 CO_2 解吸散逸。

（11）净购入电力和净购入热力隐含的 CO_2 排放：指 CO_2 捕集、压缩、运输和驱油过程中净购入的电力或热力（蒸汽、热水）所对应的生产过程中燃料燃烧产生的 CO_2 间接排放，该部分排放实际发生在生产这些电力和热力的企业，但由核算主体的消费活动引起，依照约定也计入核算主体名下。

三、核算边界

1. 项目边界

CCUS 项目边界包括项目所有耗能工艺设备所在的地域和项目所有潜在泄漏路径的预测扩散范围，分为地面工艺地理边界、地下 CO_2 运移边界以及泄漏核算边界 3 个部分，如图 3-1 所示。

地面工艺地理边界包括 CO_2 捕集、运输和驱油埋存 3 个独立环节的次级核算边界，包括：

（1）烟气 CO_2 捕集设备。

（2）工业伴生气回收装置。

（3）CO_2 从气源输送到油田（或废弃油藏／盐水层）的罐车或运输管道途经的地理边界。

（4）CO_2 驱油地面及地下工艺设备。

（5）CO_2 在储层中波及的范围。

（6）CO_2 在浅表和大气扩散的区域。

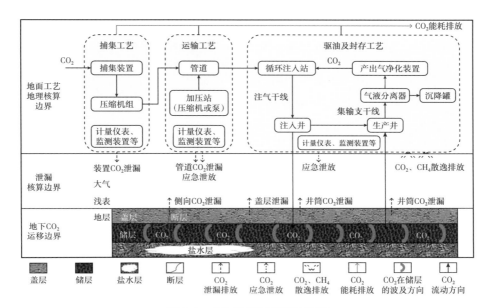

图 3-1　CCUS 项目核算边界图

上述地下 CO_2 运移边界（5）采用下述方法（1）确定；泄漏核算边界（6）采用下述方法（2）和（3）确定。

边界确定方法：

（1）采用 CO_2 驱流体储层运移监测方法与技术。

（2）"土壤碳通量＋碳同位素＋涡度微气象监测法"一体化埋存监测技术。

（3）全过程散逸及泄漏边界预测模型。

2. 温室气体排放源

CCUS 项目核算边界内碳排放来源于各环节工艺装置消耗化石能源产生的直接排放、电力消耗产生的间接排放、工艺放空排放和地面工艺散逸排放。排放的温室气体主要是 CO_2，在油气生产环节会产生少量 CH_4 排放，见表 3-1。其中 CO_2 捕集仅需考虑装置能耗的 CO_2 排放量核算，运输环节和驱油埋存环节在 CO_2 用能排放核算的基础上，还需核算泄放和散逸 CO_2 和 CH_4 的排放量，包括管道检修通过截断阀室泄放 CO_2；为保障油气安全生产，通过装置泄放口或安全阀门泄放的 CH_4 或 CO_2，如装置泄压排放、接转站和联合站放空排放等；分布于油气生产地面注采和集输工艺各环节 CO_2 和 CH_4 的散逸排放，包括注入压缩机组、阀门、法兰、套管、储罐等压力设备。以上排放量需按泄放口和散逸点分开进行核算。

表 3-1　CCUS 项目核算边界内排放来源和温室气体类型

来源		气体	包括与否	理由 / 说明
基准线排放	工业设施尾气或者伴生气排放离管道增压	CO_2	是	主要排放源
		CH_4	否	假定可忽略不计
		N_2O	否	假定可忽略不计
	现有 CO_2 捕集装置化石能源消耗和电力消耗产生的排放	CO_2	是	主要排放源
		CH_4	否	假定可忽略不计
		N_2O	否	假定可忽略不计
	现有 CO_2 运输装置化石能源消耗和电力消耗产生的排放	CO_2	是	主要排放源
		CH_4	否	假定可忽略不计
		N_2O	否	假定可忽略不计
	现有油田注水、注聚合物开发能源消耗和电力消耗产生的排放	CO_2	是	主要排放源
		CH_4	否	微排放源
		N_2O	否	假定可忽略不计
	现有废弃油气藏和盐水层的排放	CO_2	否	假定可忽略不计
		CH_4	否	假定可忽略不计
		N_2O	否	假定可忽略不计
项目活动排放	CO_2 捕集装置化石燃料和电力消耗产生的排放	CO_2	是	主要排放源
		CH_4	否	假定可忽略不计
		N_2O	否	假定可忽略不计
	CO_2 输送装置化石燃料和电力消耗产生的排放	CO_2	是	主要排放源
		CH_4	否	假定可忽略不计
		N_2O	否	假定可忽略不计
	CO_2 驱油与封存装置化石燃料和电力消耗产生的排放	CO_2	是	主要排放源
		CH_4	否	假定可忽略不计
		N_2O	否	假定可忽略不计
	CO_2 输送过程中产生的泄漏排放	CO_2	是	主要排放源
		CH_4	否	假定可忽略不计
		N_2O	否	假定可忽略不计
	由 CO_2 管道检修泄放产生的排放	CO_2	是	主要排放源
		CH_4	否	假定可忽略不计
		N_2O	否	假定可忽略不计
	驱油和封存过程中因生产设施和地层封闭性产生的泄漏排放	CO_2	是	主要排放源
		CH_4	否	微排放源
		N_2O	否	假定可忽略不计
	驱油过程中因油田地面装置检修和泄压产生的排放	CO_2	是	主要排放源
		CH_4	否	微排放源
		N_2O	否	假定可忽略不计
	驱油过程中产生的散逸排放	CO_2	是	主要排放源
		CH_4	否	微排放源
		N_2O	否	假定可忽略不计

四、基准线情景

CCUS-EOR 项目需要甄别在没有该项目活动时，捕集、运输和驱油封存 3 个独立核算边界内的可代替情景，确定各自的基准线情景并加以组合。

项目开发者应按照以下步骤识别基准线情景：没有本项目活动时工业设施的尾气和伴生气会如何处理；没有本项目活动时油田采用何种生产方式；没有本项目活动时枯竭油藏和盐水层等的项目活动采用何种利用方式。

（1）工业设施尾气和伴生气的可能可替代情景应包括但不限于以下情景：

C1：项目活动不作为温室气体自愿减排项目实施。

C2：仍保持现状，即碳源直接排空。

C3：制造者将 CO_2 捕集后当作化工原料自用。

C4：制造者将 CO_2 捕集后外售。

（2） CO_2 输送环节的可能可替代情景应包括但不限于以下情景：

T1：项目活动不作为温室气体自愿减排项目实施。

T2：保持现状，无 CO_2 运输活动。

T3：采用槽车或船舶等运输。

T4：采用管道运输。

（3）碳汇利用环节的可能可替代情景应包括但不限于以下情景：

O1：项目活动不作为温室气体自愿减排项目实施。

O2：油藏仍保持现状，采用注水等其他开发方式生产。

O3：油藏采用 CO_2 驱油开发方式，未达到最大注入能力。

O4：未动用油藏、废弃油气藏、盐水层等地质碳汇保持现状，不用于封存二氧化碳。

O5：废弃油气藏、盐水层等地质碳汇已封存二氧化碳。

可替代的建议清单是指导性的，项目参与者可建议其他可能的替代方案。

应在项目设计文件中清楚描述每个基准线情景（图 3-2），对于被排除的情景，应在设计文中给出适当的解释和相关材料。

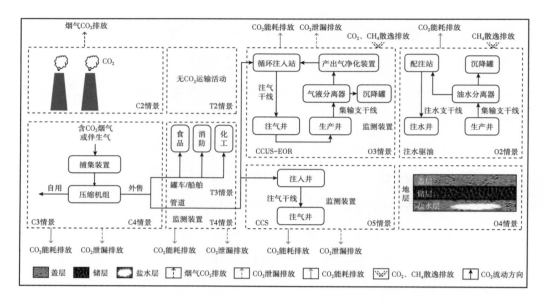

图 3-2　CCUS 项目基准线情景边界图

五、额外性论证

CO_2 捕集、运输和驱油封存项目主要依赖地质碳汇消纳温室气体，现阶段 CO_2 捕集、运输和驱油封存技术减排温室气体是作为利益相关方主动承担社会责任和环境责任，没有碳减排收益的支持下，CO_2 捕集、运输和驱油封存项目投资内部收益率低于国家和行业适用的贴现率，项目不具有财务吸引力。因此仍需寻求其他方面的资金帮扶，以期项目达到行业投资内部收益率，使得利益相关方在考虑碳减排的社会收益后，项目可具有一定财务吸引力。因此项目额外性论证建议采用投资分析对项目进行财务核算的"简化论证"的方式，论证项目在没有 CCER 支持情况下，CO_2 捕集、运输和驱油封存项目存在财务效益指标和技术风险等方面的障碍因素，通常理解为项目内部收益率小于 8%。

六、核算方法

1. 基准线排放量

基准线排放量应根据基准线情景下各环节温室气体实际排放量进行计算，

包括 CO_2 捕集量、捕集压缩和运输的能耗排放量、油田注水开发的能耗排放量和散逸排放量，排放量计算公式如下：

$$BE_y = BE_{BL,CO_2,y} + BE_{BL,cap,y} + BE_{BL,trans,y} + BE_{BL,EOR,y} + BE_{BL,sink,y} - P_{CO_2,y} \quad (3-1)$$

式中　　BE_y——y 年基准线排放量，t；

$BE_{BL,CO_2,y}$——y 年工业设施尾气和伴生气的基准线排放量，t；

$BE_{BL,cap,y}$——y 年 CO_2 捕集基准线排放量，t；

$BE_{BL,trans,y}$——y 年 CO_2 运输基准线排放量，t；

$BE_{BL,EOR,y}$——y 年驱油基准线排放量，t；

$BE_{BL,sink,y}$——y 年未动用油藏、枯竭油藏和盐水层基准线排放量，t；

$P_{CO_2,y}$——y 年工业设施尾气和伴生气捕集的 CO_2 量，t；

y——计入期的年份。

（1）来自工业设施的基准线排放量。

当工业设施作为 CO_2 捕集、运输和驱油封存项目的排放源时，基准线排放对应两种不同的情况：

情况 1：该工艺设施新建 CO_2 捕集和压缩设备，减排量由新建设备折旧期和所选计入期之间的最短期限予以申请，基准线排放量计算方法见式（3-2）。

情况 2：该工艺设施既有 CO_2 捕集和压缩设备，其折旧期限必须在该项目设计文件中加以说明并书面确认，且减排量需在折旧期限剩余时长和所选计入期之间的最短期限予以申请，基准线排放量计算方法见式（3-3）。

基准线情景 C2 条件下开展 CO_2 捕集、运输和驱油封存项目活动，符合且采用情况 1 的基准线排放量计算：

$$BE_{BL,CO_2,y} = P_{PJ,y} \cdot EF_e \cdot EC_{PJ} + \sum_j \left(P_{PJ,y} \cdot EF_j \cdot FC_{PJ,j} \cdot NCV_j \right) \quad (3-2)$$

式中　　$BE_{BL,CO_2,y}$——y 年工业设施尾气和伴生气的基准线排放量，t；

$P_{PJ,y}$——y 年工艺设备产品的产量，t；

EF_e——电力排放因子，$t/(kW \cdot h)$；

EC_{PJ}——项目活动前最近三年工艺设备产品平均耗电量，$kW \cdot h/t$；

EF_j——燃料 j 排放因子，t/t；

$FC_{PJ,j}$——项目活动前最近三年设备产品燃料 j 平均消耗量，t/t；

NCV_j——水驱或聚合物驱开发使用的化石燃料 j 的净热值，GJ/t 或 GJ/m^3；

y——$\min \{$新建设备折旧期限，计入期$\}$的年份。

基准线情景 C3 和 C4 条件下开展 CO_2 捕集、运输和驱油封存项目活动，符合且采用情况 2 的基准线排放量计算：

$$BE_{BL,CO_2,y} = P_{PJ,y} \cdot \left[EF_e \cdot EC_{PJ} + \sum_j \left(EF_j \cdot FC_{PJ,j} \cdot NCV_j \right) \right] +$$
$$P_{CO_2,y} \cdot \left[EC_{cap,CO_2} \cdot EF_e + \sum_j \left(FC_{cap,CO_2,j} \cdot EF_j \cdot NCV_j \right) \right] \quad (3-3)$$

式中　　$P_{CO_2,y}$——y 年工业设施尾气和伴生气捕集的 CO_2 量，t；

EC_{cap,CO_2}——项目活动前最近三年捕集压缩 CO_2 平均耗电量，$kW \cdot h/t$；

$FC_{cap,CO_2,j}$——项目活动前最近三年捕集压缩 CO_2 燃料 j 平均消耗量，t/t；

y——$\min \{$既有设备剩余折旧期限，计入期$\}$的年份。

（2）来自 CO_2 运输的基准线排放量。

CO_2 捕集、运输和驱油封存项目活动时，CO_2 自排放源输送至地质碳汇之间存在两种不同的基准线排放情况：

情况 1：新建 CO_2 输送管道或采用罐车（船舶）输送，基准线情景 T2 符合该情况，此情境下基准线排放量为零。

情况 2：既有 CO_2 输送管道或罐车（船舶），管道折旧期限必须在该项目设计文件中加以说明并书面确认，且减排量需在折旧期限剩余时长和所选计入期之间的最短期限予以申请，罐车（船舶）无需上述说明，基准线排放量计算方法见式（3-5）。

基准线情景 T2 条件下开展 CO_2 捕集、运输和驱油封存项目活动，符合且采用情况 1 的基准线排放量计算：

$$BE_{\text{BL,trans},y} = 0 \tag{3-4}$$

式中　$BE_{\text{BL,trans},y}$——y 年 CO_2 运输基准线排放量，t。

基准线情景 T3 和 T4 条件下开展 CO_2 捕集、运输和驱油封存项目活动，符合且采用情况 2 的基准线排放量计算：

$$BE_{\text{BL,trans},y} = P_{CO_2,y} \cdot EC_{\text{trans},CO_2} \cdot EF_e + \sum_j \left(P_{CO_2,y} \cdot FC_{\text{trans},CO_2,j} \cdot EF_j \cdot NCV_j \right) \tag{3-5}$$

式中　$BE_{\text{BL,trans},y}$——y 年 CO_2 运输基准线排放量，t；

　　　EC_{trans,CO_2}——项目活动前最近三年运输装置平均每吨 CO_2 耗电量，$kW \cdot h/t$；

　　　$FC_{\text{trans},CO_2,j}$——项目活动前最近三年运输装置每吨 CO_2 燃料 j 平均消耗量，t/t；

　　　y——min｛既有设备剩余折旧期限，计入期｝的年份。

（3）来自 CO_2 驱油与埋存的基准线排放量。

未动用油藏、已开发油藏、枯竭油藏、盐水层等地质封存碳汇开展 CO_2 驱油封存或仅封存活动时，存在 4 种不同基准线排放情况：

情况 1：新建 CO_2 驱油封存地面工艺设备，减排量由新建设备折旧期和所选计入期之间的最短期限予以申请，基准线排放量计算方法见式（3-6）。

情况 2：既有 CO_2 注采、集输和循环回收等工艺设备，其折旧期限、设计容量、已使用容量必须在该项目设计文件中加以说明并书面确认，减排量需在折旧期限剩余时长和所选计入期之间选择最短期限，评估设备容量和所选计入期容量，超过最大容量则回到情况 1，基准线排放量计算量方法见式（3-7）。

情况 3：新建 CO_2 封存工艺设备，基准线情景 O4 符合该情况，此情境下基准线排放量为零。

情况 4：既有 CO_2 封存工艺设备，其折旧期限、注入容量、已注入容量必须在该项目设计文件中加以说明并书面确认，减排量需在折旧期限剩余时长和所选计入期之间选择最短期限，注入容量超过设备容量则回到情况 3，基准线排放量计算方法见式（3-9）。

基准线情景 O2 条件下开展 CO_2 捕集、运输和驱油封存项目活动，符合且采用情况 1 的基准线排放计算：

$$BE_{\mathrm{BL,EOR},y} = Q_{\mathrm{water-EOR},y} \cdot EC_{\mathrm{water-EOR}} \cdot EF_{\mathrm{e}} + \sum_j \left(Q_{\mathrm{water-EOR},y} \cdot FC_{\mathrm{water-EOR}} \cdot EF_j \cdot NCV_j \right) + EF_{\mathrm{CH_4},y} \qquad （3-6）$$

式中　$BE_{\mathrm{BL,EOR},y}$——y 年驱油基准线排放量，t；

$Q_{\mathrm{water-EOR},y}$——y 年水驱开发采出液总量，t；

EF_{e}——电力排放因子，t/（kW·h）；

$EC_{\mathrm{water-EOR}}$——项目活动前最近三年水驱开发时平均吨油耗电量，kW·h/t；

EF_j——燃料 j 排放因子，t/t；

NCV_j——水驱开发使用的化石燃料 j 的净热值，GJ/t 或 GJ/m³；

$FC_{\mathrm{water-EOR}}$——项目活动前最近三年水驱开发时吨油燃料 j 平均消耗量，t/t；

$EF_{\mathrm{CH_4},y}$——y 年油藏开发各工艺环节因设备泄漏产生的无组织 CH_4 逸散排放量，t；

y——min {新建设备折旧期限，计入期} 的年份。

油藏开发各工艺环节因设备泄漏产生的无组织 CH_4 逸散排放量按《中国石油和天然气生产企业温室气体排放核算方法与报告指南（试行）》相关要求核算。

基准线情景 O3 条件下开展 CO_2 捕集、运输和驱油封存项目活动，符合且采用情况 2 的基准线排放量计算：

$$BE_{\mathrm{BL,EOR},y} = Q_{\mathrm{CO_2-EOR},y} \cdot EC_{\mathrm{CO_2-EOR}} \cdot EF_{\mathrm{e}} + \sum_j \left(Q_{\mathrm{CO_2-EOR},y} \cdot EF_j \cdot FC_{\mathrm{CO_2-EOR}} \cdot NCV_j \right) + EF_{\mathrm{CH_4},y} \qquad （3-7）$$

式中　$BE_{\mathrm{BL,EOR},y}$——y 年驱油基准线排放量，t；

EF_e——电力排放因子，t/（kW·h）；

EF_j——燃料 j 排放因子，t/t；

NCV_j——CO_2 驱开发使用的化石燃料 j 的净热值，GJ/t 或 GJ/m³；

$Q_{CO_2-EOR,y}$——y 年 CO_2 驱开发采出液总量，t；

EC_{CO_2-EOR}——项目活动前最近三年 CO_2 驱开发时平均吨油耗电量，kW·h/t；

FC_{CO_2-EOR}——项目活动前最近三年 CO_2 驱开发时吨油燃料 j 平均消耗量，t/t；

y——min｛既有设备剩余折旧期限，计入期｝的年份。

基准线情景 O4 条件下开展 CO_2 捕集、运输和封存项目活动，符合且采用情况 3 的基准线排放量计算：

$$BE_{BL,sink,y} = 0 \qquad (3-8)$$

式中 $BE_{BL,sink,y}$——y 年未动用油藏、枯竭油藏和盐水层基准线排放量，t。

基准线情景 O5 条件下开展 CO_2 捕集、运输和封存项目活动，符合且采用情况 4 的基准线排放量计算：

$$BE_{BL,sink,y} = Q_{CO_2-storage,y} \cdot EC_{CO_2-storage} \cdot EF_e + \\ \sum_j \left(Q_{CO_2-storage,y} \cdot EF_j \cdot FC_{CO_2-storage} \cdot NCV_j \right) \qquad (3-9)$$

式中 $BE_{BL,sink,y}$——y 年未动用油藏、枯竭油藏和盐水层基准线排放量，t；

$Q_{CO_2-storage,y}$——y 年封存 CO_2 总量，t；

$EC_{CO_2-storage}$——项目活动前最近三年 CO_2 封存平均吨油耗电量，kW·h/t；

$FC_{CO_2-storage}$——项目活动前最近三年 CO_2 封存燃料 j 平均消耗量，t/t；

y——min｛既有设备剩余折旧期限，计入期｝的年份。

上述核算公式中电力 CO_2 排放因子根据主管部门的最新发布数据进行取值，热力供应的 CO_2 排放因子企业若未提供，统一采用 0.11t/GJ 计算，下同。化石燃料燃烧排放因子优先采用企业实测值，若企业无实测值，统一采用相关缺省值，详见表 3-2，下同。

表 3-2　常见化石燃料特性参数缺省值

燃料品种		低位发热量	热值单位	单位热值含碳量 / （t/GJ）	氧化率 / %
固体燃料	无烟煤	20.304	GJ/t	27.49×10^{-3}	94
	烟煤	19.570	GJ/t	26.18×10^{-3}	93
	褐煤	14.080	GJ/t	28.00×10^{-3}	96
	洗精煤	26.334	GJ/t	25.40×10^{-3}	93
	其他洗煤	8.363	GJ/t	25.40×10^{-3}	90
液体燃料	原油	42.620	GJ/t	20.10×10^{-3}	98
	燃料油	40.190	GJ/t	21.10×10^{-3}	98
	汽油	44.800	GJ/t	18.90×10^{-3}	98
	柴油	43.330	GJ/t	20.20×10^{-3}	98
	一般煤油	44.750	GJ/t	19.60×10^{-3}	98
	石油焦	31.998	GJ/t	27.50×10^{-3}	98
	焦油	33.453	GJ/t	22.00×10^{-3}	98
	粗苯	41.816	GJ/t	22.70×10^{-3}	98
气体燃料	炼厂干气	46.050	GJ/t	18.20×10^{-3}	99
	液化石油气	47.310	GJ/t	17.20×10^{-3}	99
	液化天然气	41.868	GJ/t	17.20×10^{-3}	99
	天然气	389.31	GJ/10^4m^3	15.30×10^{-3}	99

上述核算公式中涉及的油气系统不同设施 CH_4 逸散排放因子优先采用企业实测值，若企业无实测值，统一采用相关缺省值，详见表 3-3，下同。

表 3-3　油气系统不同设施 CH_4 逸散排放因子缺省值

油气系统			设施 / 设备 CH_4 排放因子
天然气系统	天然气开采	井口装置	2.50t/（a·个）
		集气站	27.9t/（a·个）
		计量 / 配气站	8.47t/（a·个）
		储气站	58.37t/（a·个）
	天然气处理		40.34t/10^8m^3
	天然气储运	压气站 / 增压站	85.05t/（a·个）
		计量站 / 分输站	31.50t/（a·个）
		管线（逆止阀）	0.85t/（a·个）
		清管站	0
石油系统	常规原油开采	井口装置	0.23t/（a·个）
		单井储油装置	0.38t/（a·个）
		接转站	0.18t/（a·个）
		联合站	1.40t/（a·个）
	原油储运	原油输送管道	753.29t/10^8t

上述数据来源《中国石油天然气生产企业温室气体排放核算方法与报告指南（试行）》。

2. 项目排放量

CCUS 项目排放包含项目活动的电力排放、化石燃料排放和散逸排放。对 CCUS 项目实际排放量进行核算和量化，需要明确项目边界内所有用能装置的用能类型、能源消耗量、散逸路径和散逸量。核算步骤为：

（1）排查核算边界内所有排放源和排放类型。

（2）确定不同类型用能的碳排放因子。

（3）梳理 CO_2 地面注采和集输工艺环节的排放、泄放和散逸点。

（4）计量和监测能源消耗量及排放、泄放和散逸量的计算数据和参数，包含电表计数、化石能源购买合同、计量和监测仪表数据等。

（5）根据排放类型、数据的可监测计量性和行业核算标准选择合适的核算方法。

项目碳排放量核算方法有 3 种：

（1）排放因子法，主要应用于 CO_2 捕集、压缩、运输和驱油等工艺能耗装置排放量核算，其中，电力 CO_2 排放因子根据主管部门的最新发布数据进行取值，采用区域电网的平均供电 CO_2 排放因子，化石能源排放因子详见《2006 年 IPCC 国家温室气体排放清单》。

（2）实测法，CO_2 输送和油气生产过程中工艺泄放和散逸排放采用企业实测值进行核算。

（3）缺省值法，油气生产地面工艺 CH_4 散逸排放量的核算因子依据《中国石油天然气生产企业温室气体排放核算方法与报告指南（试行）》中相关缺省值。

CCUS 项目排放量是项目电力和化石燃料消耗产生的 CO_2 排放量、工艺泄放和散逸排放产生的 CO_2 和 CH_4 排放量的总和，核算公式见式（3-10）。

$$PE_y = PE_{cap,CO_2,y} + PE_{trans,CO_2,y} + PE_{EOR,CO_2,y} + \\ PE_{vent,CO_2,CH_4,y} + PE_{emission,CO_2,CH_4,y} - P_{CO_2,y} \tag{3-10}$$

式中 PE_y——y 年 CCUS 项目 CO_2 排放量，t；

$PE_{cap,CO_2,y}$——y 年用于捕集 CO_2 能源消耗产生的碳排放量，t；

$PE_{trans,CO_2,y}$——y 年用于 CO_2 能源消耗产生的碳排放量，t；

$PE_{EOR,CO_2,y}$——y 年用于 CO_2 驱油埋存能源消耗产生的碳排放量，t；

$PE_{vent,CO_2,CH_4,y}$——y 年工艺泄放的 CO_2 和 CH_4 量，t；

$PE_{emission,CO_2,CH_4,y}$——$y$ 年散逸排放的 CO_2 和 CH_4 量，t。

（1）设备能耗引起的排放量。

用于计算 CO_2 捕集、压缩、运输和驱油消耗的电力、蒸汽和化石能源所产生的碳排放量时，可采用以下两种方法：

①使用生态环境部对温室气体核算要求的电网排放因子。

②使用"电力消耗导致的基准线、项目和/或泄漏排放计算工具"计算 y 年电力消耗产生的项目排放量。

化石燃料消耗使用"化石燃料燃烧导致的项目或泄漏二氧化碳排放计算工具"计算 y 年用于捕集、运输和驱油的化石燃料消耗产生的项目排放量。该工具中化石燃料 j 对应项目活动消耗的各种化石燃料。项目设计文件应列出所有排放源。

$$PE_{cap,CO_2,y} = \sum_i \left(EC_{cap,i,y} \cdot EF_e \right) + \sum_j \left(FC_{cap,j,y} \cdot NCV_{j,y} \cdot EF_{j,y} \right) + \sum_i \left(SC_{cap,i,y} \cdot SEF_{i,y} \right) \tag{3-11}$$

$$PE_{trans,CO_2,y} = \sum_i \left(EC_{trans,i,y} \cdot EF_e \right) + \sum_j \left(FC_{trans,j,y} \cdot NCV_{j,y} \cdot EF_{j,y} \right) \tag{3-12}$$

$$PE_{EOR,CO_2,y} = \sum_i \left(EC_{EOR,i,y} \cdot EF_e \right) + \sum_j \left(FC_{EOR,j,y} \cdot NCV_{j,y} \cdot EF_{j,y} \right) \tag{3-13}$$

式中　$EC_{cap,i,y}$——y 年 CO_2 捕集工艺设备 i 使用的电量，$MW \cdot h$；

$EC_{trans,i,y}$——y 年 CO_2 运输工艺设备 i 使用的电量，$MW \cdot h$；

$EC_{EOR,i,y}$——y 年 CO_2 驱油封存工艺设备 i 使用的电量，$MW \cdot h$；

$FC_{cap,j,y}$——y 年捕集工艺使用的化石燃料 j 的量，t 或 m³；

$FC_{trans,j,y}$——y 年运输工艺使用的化石燃料 j 的量，t 或 m³；

$FC_{EOR,j,y}$——y 年驱油封存工艺使用的化石燃料 j 的量，t 或 m³；

$SC_{cap,i,y}$——y 年 CO_2 捕集工艺设备 i 使用的蒸汽量，GJ；

EF_e——电力排放因子，$t/(kW \cdot h)$；

$EF_{j,y}$——y 年捕集、运输和驱油封存工艺使用的化石燃料 j 的 CO_2 排放因子，t/GJ；

$NCV_{j,y}$——y 年捕集、运输和驱油封存工艺使用的化石燃料 j 的净热值，

GJ/t 或 GJ/m³；

$SEF_{i,y}$——y 年捕集工艺设备 i 使用的蒸汽排放因子，t/GJ。

蒸汽的 CO_2 排放因子应优先采用供热单位提供的数据进行核算，不能提供则按 0.11t/GJ 计。

确定 y 年蒸汽的 CO_2 排放因子（$SEF_{i,y}$）：

$$SEF_{j,y} = \frac{\sum_j (EF_{B,j,y} \cdot FC_{B,j,y} \cdot NCV_{j,y})}{SC_{B,y}} \qquad (3-14)$$

式中　$EF_{B,j,y}$——y 年蒸汽锅炉使用的化石燃料 j 的排放因子，t/GJ；

$FC_{B,j,y}$——y 年蒸汽锅炉消耗的化石燃料 j 的量，t 或 m³；

$SC_{B,y}$——y 年锅炉产生的蒸汽量，GJ。

（2）泄压引起的排放量。

CO_2 输送、注入和集输管道在检修前，需通过截断阀室进行泄压，以排除管道维护和检修期间的安全隐患。CO_2 注入过程中，如注入泵、增压泵和安全阀等出现故障，或地面其他装置出现泄漏等异常情况，需立即按操作要求进行停泵—减压—泄压等安全操作至注入系统恢复安全运行要求。泄压时采用泄压放空计量评价撬装装置对泄放 CO_2 量和浓度进行计量和监测。排放温室气体种类包括 CO_2 和 CH_4，统一折算为 CO_2 当量。按照 IPCC 第二次评估报告，排放 1t CH_4 相当于排放 21t CO_2。核算公式见式（3-15）。

$$PE_{vent,CO_2,CH_4,y} = \sum_k \left(Q_k \cdot V_{CO_2,k} \cdot \rho_{CO_2} \right) + \sum_k \left(Q_k \cdot V_{CH_4,k} \cdot \rho_{CH_4} \cdot GWP_{CH_4} \right) \quad (3-15)$$

式中　Q_k——泄放点 k 排放的气体流量，$10^4 m^3$；

$V_{CO_2,k}$——泄放点 k 排放气体中 CO_2 的浓度，%；

$V_{CH_4,k}$——泄放 k 排放气体中 CH_4 的浓度，%；

ρ_{CO_2}，ρ_{CH_4}——CO_2 和 CH_4 在标准状态下的密度，$t/10^4m^3$；

GWP_{CH_4}——CH_4 的全球变暖潜能值，t/t。

（3）散逸引起的排放量。

CO_2 在原油中溶解度较高，且随压力升高而升高，因此相比于注水开发，CO_2 驱采出液更易乳化，除伴生 CO_2 游离气外，油、水中溶解的 CO_2 将在接转站、联合站、沉降罐等工艺装置解吸后散逸至大气中。此部分 CO_2 散逸量难以直接计量，需采用质量平衡法，测量不同温度、压力条件下 CO_2 在采出油、水，以及外输原油和净化处理后的水中的 CO_2 溶解度进行计算。油气生产 CH_4 逸散排放量按《中国石油天然气生产企业温室气体排放核算方法与报告指南（试行）》核算。

$$PE_{\text{emission},CO_2,CH_4,y} = \sum_t \left[Q_{采出液,t} \left(S_{采出液,t,CO_2} - S_{外输原油/水,t,CO_2} \right) \right] + \\ \sum_m \left(Num \cdot EF_{CH_4,m} \cdot GWP_{CH_4} \right) \qquad (3-16)$$

式中　$Q_{采收液,t}$——核算时间节点 t 内 CO_2 驱采出液质量，t；

$S_{采出液,t,CO_2}$——核算时间节点 t 内采出液中 CO_2 溶解度，m^3/m^3；

$S_{外输原油/水,t,CO_2}$——核算时间节点 t 内外输原油和水中 CO_2 溶解度，m^3/m^3；

Num——原油开采业务所涉及的泄漏设施类型数量；

$EF_{CH_4,m}$——原油开采业务中涉及的每种设施类型的 CH_4 逸散排放因子，

　　　　　　$t/$（$a\cdot$个）（优先采用实测值，若无则统一采用相关缺省值）。

3. 泄漏量

CCUS 项目活动的潜在泄漏路径包括 CO_2 运输导致的泄漏、油田地面注采和地层埋存泄漏，计算见式（3-17）。

$$LE_y = LE_{CO_2,\text{TR-leakage},y} + LE_{CO_2,\text{well-leakage},y} + LE_{CO_2,\text{formation-leakage},y} \qquad （3-17）$$

（1）运输导致的泄漏。

CO_2 陆地运输方式有槽车运输和管道运输，自 CO_2 捕集装置与终端 CO_2 驱

油与埋存项目活动地点间，由于槽车装卸损耗和管道密封性受损产生的泄漏量计算见式（3-18）。

$$LE_{CO_2, TR-leakage, y} = m_{CO_2, inlet, y} - m_{CO_2, delivered, y}$$ （3-18）

式中 $LE_{CO_2, TR-leakage, y}$——y 年运输泄漏的 CO_2 量，t；

$m_{CO_2, inlet, y}$——y 年进入运输系统计量装置的 CO_2 量，m^3 或 t；

$m_{CO_2, delivered, y}$——y 年运输到油田气体交付处计量装置的 CO_2 量，m^3 或 t。

（2）井筒泄漏。

当井筒完整性受到破坏时，注入井普遍存在较高的环空持续带压，预示着井筒易发生泄漏。套管环温变化导致流体膨胀、井下作业对环空施加压力、井筒屏障系统功能下降、失效形成环空气体窜流均会导致井筒环空带压。温度和压力变化引起的环空带压可以通过井口泄压消除，不会形成持续带压，其泄漏量通过泄压放空计量装置计量和监测排放的 CO_2 量和浓度。而井筒完整性屏障系统功能受损因素较多，油套管柱密封性降低、套管管体部分穿孔和固井质量差等都会导致产层高压气体窜流至井口形成环空带压。CO_2 驱油环节已有较为全面的注气井筒完整性评价方法和指标，对于评价参数异常且经过多次泄压后仍环空带压的"隐患井"采取重新完井，以保障注气井安全，避免出现突发性井筒泄漏。该部分多次泄压排放量以泄压监测计量数据进行核算，井口突发泄漏量通常采用泄漏预测模型进行综合核算。目前关于 CO_2 驱油井筒泄漏量预测模型参考有毒气体的扩散模型、Drift Flux Model 等，CO_2 驱出现井筒突发性泄漏时，可选择合适的预测模型和监测数据尽可能准确地核算泄漏量，并通过井筒 CO_2 泄漏安全风险评估核证。井筒泄漏计算见式（3-19）。

$$LE_{CO_2, well-leakage, y} = \sum_i \left(V_{CO_2, well-leakage, i, y} \cdot K_{CO_2} \right) + \sum_i \left(Q_{CO_2, leakage-speed, i, y} \cdot \rho_{CO_2, i} \cdot t \right)$$ （3-19）

式中　$LE_{CO_2, \text{well-leakage}, y}$——$y$ 年井筒泄漏 CO_2 量，t；

$V_{CO_2, \text{well-leakage}, i, y}$——$y$ 年 i 井筒泄放气体体积，m^3；

K_{CO_2}——井筒泄放气中 CO_2 浓度，kg/m^3；

$Q_{CO_2, \text{leakage-speed}, i, y}$——$y$ 年 i 井筒突发性气体泄漏速度，kg/s（数据来自 CO_2 井筒泄漏预测模型）；

$\rho_{CO_2, i}$——CO_2 气体泄漏浓度分布，数据来自 CO_2 井筒泄漏预测模型；

t——泄漏时间，s。

（3）地层泄漏。

地层泄漏路径包括 CO_2 沿埋存地质体断层或裂缝等运移的侧向泄漏和大时间尺度范围的盖层的渗透，如图 3-3 所示。注入储层的 CO_2 流体波及至断层或裂缝后向上部渗透层运移，CO_2 进入该渗透层并有部分被滞留，当初始泄漏的 CO_2 总量小于沿途各渗透层能够吸收的 CO_2 潜在总量，则泄漏的 CO_2 不会运移到地表，否则即产生地表泄漏风险。地层泄漏量无法直接核算，需在核算边界内的断裂系统裂缝渗透率和各渗透层参数的基础上建立泄漏量预测模型计

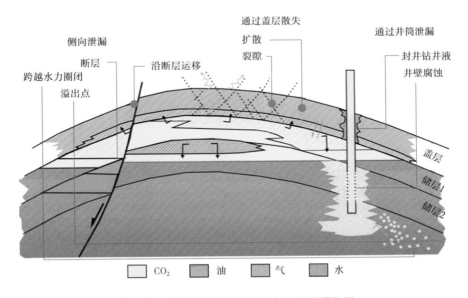

图 3-3　CCUS 项目驱油与埋存环节泄漏路径

算，并结合地层、浅表和大气泄漏边界内的安全性监测进行定性与定量评估。通常 CO_2 驱油与埋存储层上部存在多套渗透层和盖层，地层压力随泄漏呈递减趋势，在 CCUS 项目核证周期内，CO_2 运移到地表的可能性较低。同时通过对 CO_2 埋存体盖层进行完整性评价，盖层泄漏 CO_2 涉及大时间尺度范围，短期内对地表影响较低，因此仅需在 CCUS 全周期碳减排量核算时考虑。地层泄漏预测量计算如下，当结果不为正值时，CCUS 项目地层泄漏量预测为零。

①如果核算边界内 $\dfrac{\rho_{\text{实测CO}_2\text{浓度},i,y} - \rho_{\text{背景浓度},i,y}}{\rho_{\text{背景浓度},i,y}} \leqslant 10\%$ 时，在本方法适用性条件下可认为项目活动未产生 CO_2 地层泄漏，此时 $LE_{CO_2,\,\text{formation-leakage},y}$ 为零。

②如果核算边界内 $\dfrac{\rho_{\text{实测CO}_2\text{浓度},i,y} - \rho_{\text{背景浓度},i,y}}{\rho_{\text{背景浓度},i,y}} > 10\%$ 时，在本方法适用性条件下可认为项目活动产生 CO_2 地层泄漏，泄漏量通过监测数据核算和泄漏模型估算两种交叉核证方式，计算方法见式（3-20）和式（3-21）：

监测数据核算：

$$\sum_i LE_{CO_2,\,\text{formation leakage},i,y} = \frac{44}{22.4} \times \frac{273}{273+T} \times \sum_i \left(\rho_{CO_2\text{实测浓度},i,y} - \rho_{CO_2\text{背景浓度},i,y} \right) \times \\ V_{\text{泄漏体积},i,y} \times 10^{-9} \qquad (3\text{-}20)$$

式中　$\rho_{CO_2\,\text{实测浓度},i,y}$——$y$ 年监测点 i 的大气 CO_2 实测浓度，10^{-6}；

$\rho_{CO_2\,\text{背景浓度},i,y}$——$y$ 年监测点 i 项目未实施前的大气 CO_2 浓度，10^{-6}；

T——监测时的温度，℃；

$V_{\text{泄漏体积},i,y}$——y 年监测点 i 泄漏气体体积，m^3。

泄漏模型估算：

注入储层的 CO_2 流体波及至断层或裂缝后向上部渗透层运移，CO_2 进入该渗透层并有部分被滞留，当初始泄漏的 CO_2 总量小于沿途各渗透层能够吸收的 CO_2 潜在总量，则泄漏的 CO_2 不会运移到地表，否则即产生地表泄漏风险。在核算边界内的断裂系统裂缝渗透率和各渗透层参数的基础上建立泄漏量预测模型。

$$LE_{CO_2, \text{formation-leakage}, y} = \sum_p Q_{CO_2, \text{fault fracture-leakage}, p, y} - \sum_p Q_{CO_2, \text{permeable layer-leakage}, p, y} \qquad （3-21）$$

式中　$Q_{CO_2, \text{fault fracture-leakage}, p, y}$——$y$ 年断层或裂缝 p 泄漏 CO_2 总量，数据来自 CO_2 断层或裂缝泄漏预测模型，t；

$Q_{CO_2, \text{permeable layer-leakage}, p, y}$——$y$ 年渗透层 p 吸收 CO_2 量，数据来自 CO_2 断层或裂缝泄漏预测模型，t。

4. 减排量

第 y 年项目活动减排量的计算是用基准线排放量减去项目排放量和泄漏排放量，计算如下：

$$ER_y = BE_y - PE_y - LE_y \qquad （3-22）$$

式中　ER_y——y 年的 CO_2 减排量，t；

BE_y——y 年的 CO_2 基准线排放量，t；

PE_y——y 年项目 CO_2 排放量，t；

LE_y——y 年 CO_2 泄漏量，t。

七、监测方法

依据上述核算方法中减排量和泄漏量核算及预测所需数据参数，制定 CCUS 项目监测计划，建立 CCUS 项目全流程监测和计量系统，准确核算项目排放量和泄漏量，降低 CO_2 驱油埋存泄漏风险，保障长期安全有效 CO_2 埋存。

能耗数据监测的准确度是 CCUS 项目排放量核算的基础，主要通过项目各工艺环节用能节点的电表计数、化石能源使用台账或购买合同等监测计量手段，并作为项目碳排放量的源数据进行备份及核证。

监测数据和参数的监测与计量描述见表 3-4 至表 3-7。

表 3-4　CO_2 捕集、运输和驱油的电力消耗量监测数据

数据/参数	$EC_{cap, i, y}$，$EC_{trans, i, y}$，$EC_{CO_2\text{-}EOR, i, y}$
单位	$MW \cdot h$
描述	y 年用于 CO_2 捕集、运输和驱油的电力消耗量
数据来源	项目参与方的现场测试
监测流程（如果有）	利用安装在捕集装置、运输管道和 CO_2 驱油与封存的注采和集输工艺的供电线连接处的校准电表
监测频率	每天
QA/QC 流程	消耗的电量应与以下电表相互校核：（1）从电网购买的电；（2）来自电厂的电

表 3-5　CO_2 捕集、运输和驱油的化石燃料排放因子

数据/参数	$EF_{cap, i, y}$，$EF_{trans, i, y}$，$EF_{CO_2\text{-}EOR, i, y}$
单位	t/GJ
描述	y 年用于 CO_2 捕集、运输和驱油使用的化石燃料 i 的 CO_2 排放因子
数据来源	（1）发票中燃料供应商提供数值（这是首选来源）； （2）项目参与者提供的测量数据［如果（1）不适用］； （3）地区或国家的默认值［如果（1）不适用，这些数据来源仅用于液态燃料，且这些数据应该是有依据，被公正的，有可靠来源的数据］； （4）在《2006 年 IPCC 国家温室气体清单》第二卷第一章表 1.2 中给出的在上限不确定置信区间为 5% 的默认值
监测流程（如果有）	对于表中数据来源（1）和（2）：监测需要符合国家或国际的燃料标准
监测频率	每月
QA/QC 流程	对于表中数据来源（1）：如果燃料供应商提供的发票中的 NCV 和 CO_2 排放因子的值是基于该燃料的测试值，那么该 CO_2 排放因子可用；如 CO_2 排放因子来源于其他数据，或没有提供 CO_2 排放因子的值，那么数据来源请选择（2）（3）或（4）

表 3-6　CO_2 捕集、运输和驱油的化石燃料消耗量监测数据

数据 / 参数	$FF_{cap, i, y}$,　$FF_{trans, i, y}$,　$FF_{CO_2\text{-EOR}, i, y}$
单位	质量或体积单位
描述	y 年用于 CO_2 捕集、运输和驱油使用的化石燃料 i 的消耗量
数据来源	项目参与方的现场测量值
监测流程（如果有）	—
监测频率	每天
QA/QC 流程	化石燃料的量应与购买发票上的值相互校核

表 3-7　CO_2 捕集、运输和驱油的化石燃料净热值

数据 / 参数	$NCV_{cap, i, y}$,　$NCV_{trans, i, y}$,　$NCV_{CO_2\text{-EOR}, i, y}$
单位	GJ/t 或 GJ/m^3
描述	y 年用于 CO_2 捕集、运输和驱油使用的化石燃料 i 的净热值
数据来源	（1）发票中燃料供应商提供数值（这是首选来源）； （2）项目参与者提供的测量数据［如果（1）不适用］； （3）地区或国家的默认值［如果（1）不适用，这些数据来源仅用于液态燃料，且这些数据应该是有依据，被公正的，有可靠来源的数据］； （4）在《2006 年 IPCC 国家温室气体清单》第二卷第一章表 1.2 中给出的在上限不确定置信区间为 5% 的默认值
监测流程（如果有）	对于表中数据来源（1）和（2）：监测需要符合国家或国际的燃料标准
监测频率	每月
QA/QC 流程	证实表中数据来源（1）（2）（3）的值在《2006 年 IPCC 国家温室气体清单》第二卷第一章表 1.2 中默认值的范围内。如果超过该范围，需要通过收集来自测试实验室的其他信息来证明该监测的结果并指导该监测。（1）（2）（3）中的实验室需要具备 ISO 17025 的资质认可，或者满足其他同级别相似的标准

系统的散逸和泄漏监测系统是 CCUS 项目散逸量和泄漏量预测和计算的基础，也是 CCUS 项目安全运行的保障。CCUS 项目散逸和泄漏监测系统的布点较为复杂，一套完整的 CCUS 项目散逸和泄漏监测系统包括 CO_2 埋存体地质裂缝/断层和盖层的数学建模及微地震监测、地表土壤碳通量监测、CO_2 碳同位素监测、大气中 CO_2 浓度监测和橇装泄放计量等。微地震监测可评估 CO_2 注入后诱发裂缝等现象的可能性，监测 CO_2 在储层的驱替前缘展布状态和优势方向，结合断层和裂缝分布，预测 CO_2 沿裂缝运移方位，并以此确定浅表和大气监测边界。在确定 CO_2 在储层中的波及范围和气窜井的位置的基础上，以注气井（组）为监测单位布点监测土壤中 CO_2 通量和碳同位素的变化，判定是否发生 CO_2 地层泄漏。根据选井原则确定监测点，安装浅层监测井，利用 CO_2 浓度检测仪对核算边界内的大气和地下水中的 CO_2 浓度进行监测，以此建立井筒泄漏监测系统并有效监测井筒完整性。散逸监测包括定期开展 CO_2 在采出游离气中含量和在油、水中的溶解度的测量，以及管道、井筒和作业过程中的 CO_2 泄放量的计量。

监测数据和参数的监测与计量描述见表 3-8 至表 3-13。

表 3-8　CO_2 进入运输数据计量

数据/参数	$m_{CO_2, inlet, y}$
单位	t
描述	y 年进入运输系统计量装置的 CO_2 量
数据来源	项目参与方的现场测量值
监测流程（如果有）	—
监测频率	每天
QA/QC 流程	泄漏的 CO_2 量应与以下计量装置相互校核：（1）进入运输系统的 CO_2 计量装置；（2）运输到油田气体交付处卸载的 CO_2 计量装置

表 3-9 CO_2 运输交付数据计量

数据 / 参数	$m_{CO_2,\ delivered,\ y}$
单位	t
描述	y 年运输到油田气体交付处计量装置的 CO_2 量
数据来源	项目参与方的现场测量值
监测流程（如果有）	—
监测频率	每天
QA/QC 流程	泄漏的 CO_2 量应与以下计量装置相互校核：（1）进入运输系统的 CO_2 计量装置；（2）运输到油田气体交付处卸载的 CO_2 计量装置

表 3-10 CO_2 井筒泄放气体体积

数据 / 参数	$V_{CO_2,\ well\text{-}leakage,\ i,\ y}$
单位	m^3
描述	y 年 i 井筒泄放气体体积
数据来源	项目参与方的现场测量值
监测流程（如果有）	利用安装在井筒的监测仪表
监测频率	连续监测
QA/QC 流程	—

表 3-11 CO_2 井筒泄放气体浓度

数据 / 参数	K_{CO_2}
单位	t/m^3
描述	y 年 i 井筒泄放气中 CO_2 的浓度
数据来源	项目参与方的现场测量值
监测流程（如果有）	利用安装在井筒的监测仪表
监测频率	连续监测
QA/QC 流程	—

表 3-12　地层泄漏监测点 CO_2 实测浓度

数据 / 参数	$\rho_{CO_2实测浓度, i, y}$
单位	t/m^3
描述	y 年监测点 i 的地表 CO_2 浓度、浅层 CO_2 浓度和大气 CO_2 浓度
数据来源	项目参与方的现场测量值
监测流程（如果有）	利用安装在油区的"土壤碳通量 + 碳同位素"一体化埋存监测仪器
监测频率	连续监测
QA/QC 流程	—

表 3-13　地层泄漏监测点 CO_2 背景浓度

数据 / 参数	$\rho_{CO_2背景浓度, i, y}$
单位	t/m^3
描述	y 年监测点 i 的地表、浅层和大气 CO_2 背景浓度
数据来源	项目参与方的现场测量值
监测流程（如果有）	利用安装在油区的"土壤碳通量 + 碳同位素"一体化埋存监测仪器
监测频率	—
QA /QC 流程	—

第三节　CCUS-EOR 项目碳埋存安全状况监测技术

为了评价 CO_2 埋存状况、及时发现 CO_2 泄漏情况，判断泄漏原因，避免因 CO_2 泄漏造成的环境污染和伤人事故，因此，建立 CO_2 埋存安全评价技术意义重大。CO_2 埋存安全评价技术主要包括地表土壤监测、井场安全状况监测、产出流体分析、水取样分析等方法。

一、油气藏二氧化碳埋存监测技术

将 CO_2 注入存储体后，要了解 CO_2 在储体中的运移和埋存情况，评价 CO_2 埋存的安全性和有效性等，需要对 CO_2 地下埋存工程进行严格地监测管理。通过对注入井的监测，可有效地控制 CO_2 的注入速度和注入压力；通过对废弃井的监测，可以有效地避免因废弃井的不封闭处理造成的 CO_2 渗漏风险；通过监测 CO_2 地下分布运移状况，可以确认 CO_2 的存储量和安全性如何；通过对因渗漏所造成环境影响的监测，可以及时发现各种潜在的危险，以提供早期的预警处理。

1. 注入井监测

对注入井的监测管理主要是控制 CO_2 注入速度和注入压力。为了确保将 CO_2 有效地注入储层，要求注入压力必须大于储层流体的压力。但当压力增加到一定程度以后，很容易诱发地层中潜在的微裂缝或裂隙产生。因此，在注入 CO_2 前必须先检测和模拟出储体的地层、流体和孔隙的最大安全压力，再保证有效控制最大注入压力。Streit 等通过长期研究发现，油气被采空以后，地层水平岩石的孔隙压力会下降 50%~80%，这无疑将大大增加裂缝产生的可能性。

然而，不同的储层因为其盆地类型和构造演化历史的不同，安全的注入压力也是不同的。Vander Meer 指出，当地层深度超过 1000m 以后，最大注入压力大约是静水压力的 1.35 倍；若是深度达到 1000~5000m，其将增至 2.4 倍。在向储层注入 CO_2 时，一定要在先了解盖层的厚度、韧性及突破压力之后，再采取合适的注入速度和注入压力进行施工。

2. 废弃井监测

对废弃井的监测管理一直是 CO_2 地质埋存的难点和热点，因为对注入井和废弃井的不封闭处理被认为是造成 CO_2 渗漏最主要的途径之一。随着油田勘探开发的深入，废弃井的数量庞大，多数情况下它们没有进行防渗漏或封闭处理。同时，随着钻井的废弃，先前使用的一些材料、设备，如水泥和套管等也被遗弃在井下。这无疑将加速堵塞、腐蚀、酸化、碱化等物理化学过程，破坏原有地层的稳定性。因此，对废弃井的监测管理主要体现在两个方面：一方面需要加强对废弃井的防渗漏和封闭处理；另一方面，需要加强对地层，尤其是盖层和储层的保护，防止遗留的钻井设备对钻井的腐蚀和破坏。

对废弃井的处理，最常用的方法是灌注水泥或直接进行机械性的封堵。对于有套管的废弃井，虽然套管可以在一定程度上起到防渗漏的作用，但时间长了套管本身也极易遭受腐蚀，套管与水泥墙、套管与水泥塞及套管本身都可能存在潜在的渗漏通道。因此，可直接移走沿套管附近渗透性盖层，以防止这些岩层腐蚀金属板而成为 CO_2 渗漏的通道；或者移出套管后，直接灌注水泥，通过水泥封堵 CO_2 潜在的渗漏通道。对于无套管废弃井，可直接灌注大量水泥进行处理。

其实，在整个 CO_2 地质埋存过程中，不管是专用的 CO_2 注入井，还是油田勘探开发后留下的废弃井，都可能成为潜在的 CO_2 渗漏通道，它们之间并没有严格的界限。刚开始，大量 CO_2 通过注入井注入储体中，在保证安全注入和有效埋存的前提下，对注入井的 CO_2 注入速度和注入压力的监测管理则显得尤为重要。然而，如果储体地质条件发生变化，比如累积在储体中的 CO_2 的压力接近上覆地层的安全压力、储体的地质埋存量接近极限，或钻井本身出现一些无法修复的故障等，都将提前停止或最终终止注入井的使用。相对于 CO_2 地质埋存工程，此注入井将成为废弃井，对其监测管理则偏向于废弃井的封闭处理。但根据实际情况的变化，该废弃井也有可能重新成为注入井。总之，相对于 CO_2 地质埋存，注入井最终都将成为废弃井。

二、二氧化碳泄漏及环境监测

环境监测作为 CO_2 地质埋存监测的重要组成部分，是对储层监测的有益补充，具有不可替代的价值和作用，其目的是保证人类环境和生态系统不受 CO_2 埋存的影响，确保所埋存的 CO_2 不泄漏到大气、海洋及淡水层，以保障安全的作业环境和有效的地下埋存。而且通过环境监测一旦发现可能的泄漏途径，能够及时采取必要的补救措施。另外，通过监测工作可以了解相关监测工具的优势和局限性，有利于改进和发展 CO_2 地下埋存监测的技术和方法。

CO_2 地质埋存工程不仅要求 CO_2 能够顺利注入地层，最重要的是要保证 CO_2 安全有效持久地储存在地层中。因为 CO_2 一旦发生大规模泄漏，将会产生严重的危害。

1. 二氧化碳泄漏的途径

由于自然或人为的地质活动，在油气藏、盐水层和煤层中不可避免地存在或产生一些 CO_2 逃逸途径。如图 3-4 所示，在长期 CO_2 注入和封存过程中，可能发生 CO_2 逃逸和泄漏途径主要有 3 个：通过注入井或废弃井；通过未被发现的断层、断裂带或裂隙；通过盖层的渗漏。

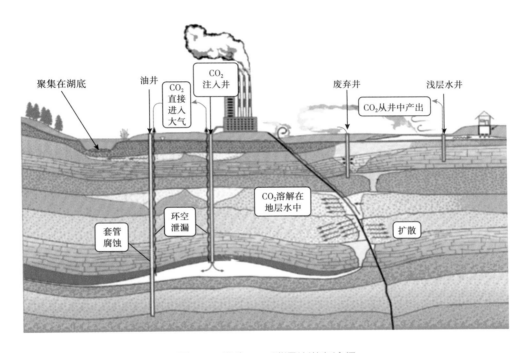

图 3-4　发生 CO_2 泄漏的潜在途径

无论是枯竭油气藏封存还是以提高采收率为目的将 CO_2 注入油气藏中，虽然 CO_2 会溶于残余油、地层水和注入水中，溶解圈闭和残余圈闭机理也会起一定作用，但是大部分 CO_2 被注入后，在相当长的时间内是以游离状态存在的。浮力会导致 CO_2 向构造上部运移，这会增大封存有效性对盖层的依赖，此时构造圈闭机理是主控因素。对于枯竭油气藏来说，油气藏圈闭构造在很长地质时期内能够储存油气，其气密封性已经被证实，但在 CO_2 注入过程中局部压力过高，在盖层产生新的裂隙或者导致部分井密封失效，使 CO_2 从构造中泄漏。而且枯竭油气藏有很多废弃的生产井和注水井，年久失修，其水泥胶结强度降低及套管的腐蚀，也是潜在和主要的泄漏通道（图 3-5）。

CO_2 在地层条件下，表现出较好的传质性能（尤其是超临界状态下），很容易溶于水中形成碳酸，进而导致较低 pH 值的酸性环境。这种酸性环境的形成会使矿物溶解，削弱圈闭的地层，损害井的套管和水泥环，导致新的泄漏通道的产生。井的密封失效引起的泄漏途径有：

（1）套管与水泥环胶结变差出现的裂隙与胶结缺陷，如图 3-5（a）（b）所示。

（2）水泥环的缝隙或裂缝，如图 3-5（c）（e）所示。

（3）套管缺陷，如图 3-5（d）所示。

（4）水泥环与岩石胶结失效，如图 3-5（f）所示。

由于开发过的油气田都有相当数量的生产井和注入井，埋存体范围内井的数目及完整性程度决定着 CO_2 泄漏风险的水平。

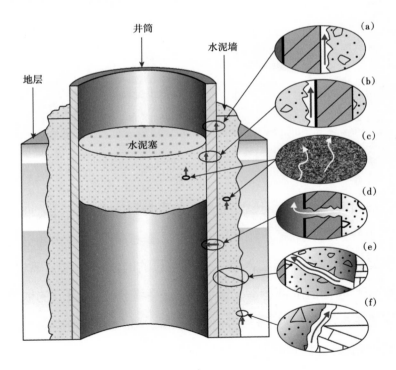

图 3-5　CO_2 在废弃井中的渗漏途径

2. 环境监测

CO_2 地质埋存工程地面系统监测是评价和保证 CO_2 地质埋存有效性、安全性和持久性的重要基础，也是进行环境影响评价的重要手段，它能确保 CO_2 地质埋存工程正常实施。环境监测按监测阶段分为 CO_2 背景值监测、埋存操作中安全性监测和埋存完成后持久安全的监测。

1）二氧化碳背景值监测

该监测阶段的对象主要包括潜在的 CO_2 泄漏通道，以及周围的大气、人类居住环境、土壤、地表水及地下饮用水水源等，监测这些位置的 CO_2 浓度背景值，作为以后监测阶段判断 CO_2 是否发生泄漏的环境背景对照值。

2）埋存操作中监测

本阶段监测目标是通过对现场的注采实时监测，观察注入生产过程是否发生 CO_2 的泄漏，确保工程操作人员的生命健康安全；同步监测周围的大气、人类居住环境、土壤、地表水及地下饮用水水源，对 CO_2 埋存的早期泄漏进行预警。

3）埋存完成后监测

该阶段的监测重点是埋存工程结束后的井场或者工程实施过程中的废弃井，主要针对注入井、生产井封堵质量，以及封场后 CO_2 是否出现泄漏；同时还要周期性地监测周围的大气、人类居住环境、土壤、地表水及地下饮用水水源。验证 CO_2 的安全地质埋存，即使发生泄漏也能尽快采取措施保证人类和生态系统的安全。该监测要持续若干年，直到确定 CO_2 不会发生泄漏。

3. 环境监测的内容和方法

CO_2 地质埋存工程环境监测是评价和保证 CO_2 地质埋存有效性、安全性和持久性的重要基础，也是进行环境影响评价的重要手段，它能确保 CO_2 地质埋存工程正常实施。环境监测的内容和方法按环境监测阶段分为注入前井场环境 CO_2 背景值监测、工程实施过程中安全性监测和封井场后持久安全的环境监测。

1）大气中二氧化碳含量监测

CO_2 从埋存地点发生泄漏后可能会导致大气中 CO_2 通量和浓度发生明显变

化，因此可以使用便携式 CO_2 红外探测器进行大气中 CO_2 含量测试。该方法可以降低气体复杂渗流通道和地层风密度差异的影响，且操作简单，可连续进行，能够及时快速方便发现 CO_2 浓度的异常升高。

2）土壤气体监测

埋存体中的 CO_2 气体若沿着裂缝通道发生泄漏后，就会导致土壤气体成分的变化，而且油藏成分中含有的物质（如氡、氦、甲烷等）会伴随 CO_2 向上迁移，因此土壤气体分析能够示踪深层气体的流动，发现气体可能的迁移途径，评估 CO_2 的逃逸量。

CO_2 地质埋存工程开展土壤气体分析时，首先要掌握土壤气体随季节性自然变化的规律，还要综合考虑井距、裂缝和断层分布，以及地形地貌等相关因素，确定合理的浅层土壤气采样网格分布。在此基础上，对可能发生 CO_2 泄漏的高风险区域，如裂缝、断层、注采井周围等，进行连续监测，验证泄漏是否发生，寻找泄漏途径。

3）地表水、饮用地下水监测

如果发生 CO_2 泄漏，泄漏的 CO_2 接触地下水源时，大量溶解的 CO_2 会导致地下水 pH 值降低，酸性增强；CO_2 还可能沿泄漏通道向上渗入到地表水系中，引起地表水的 pH 值及其中溶解的 CO_2 气体及离子的变化。因此可以通过监测浅层地表水和地下饮用水的 pH 值、CO_2 气体及 HCO_3^-、CO_3^{2-} 等离子浓度的变化，来确定是否发生了 CO_2 泄漏。

三、地表土壤二氧化碳碳通量监测实例

土壤中 CO_2 浓度和同位素的一个稳定值，一旦埋存的 CO_2 发生泄漏会造成土壤中 CO_2 浓度发生变化，因此，为准确判断是否存在 CO_2 泄漏情况，研究形成了地表土壤 CO_2 监测技术，通过定期监测土壤的 CO_2 同位素、碳含量、呼吸率、pH 值等，从而有效判断 CO_2 在地表的泄漏状况。

1. 地表碳通量监测点设计

以 CO_2 泄漏的薄弱点及风险点为核心，围绕核心布置碳通量监测点，主要

采取"直线+网状"结合的方式进行布点法，对试验区块实现"全覆盖"，具体布点原则如下：

（1）以 CO_2 注入井为核心，按照距离注入井远近分为核心监测区、缓冲监测区和外围监测区。

（2）对构造断裂带、断层活动带、废弃井筒等可能泄漏的区域重点监测，加密布置监测点。

（3）在兼顾重点监测区域情况下，沿地下水流向、断层走向等沿线布设，形成网络化路线追踪。

以黑79区块为例，在注气井与采油井间布置11个监测点，在监测井附近选1个深水井监测点，在距离监测井25km远处选1个对比监测点。共计13个监测点如图3-6所示。

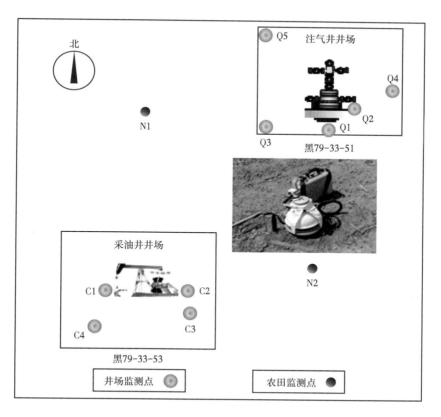

图 3-6 注气井场碳通量测试布点示意图

2. 现场测试情况分析

在黑 79-33-51 井组建立了地表 CO_2 泄漏状况监测点，并进行了碳通量监测，将该井组 12 个监测点及邻近深水井监测点的数据与背景值对比，其碳通量监测数据见表 3-14，初步分析地表无 CO_2 泄漏。

表 3-14　黑 79-33-51 井组碳通量监测数据统计表

区域及背景值	编号	5月21日测试数据		6月25日测试数据		备注
		测试点空气中 CO_2 含量 / [$\mu mol/(m^2 \cdot s)$]	测试点土壤中 CO_2 含量 / [$\mu mol/(m^2 \cdot s)$]	测试点空气中 CO_2 含量 / [$\mu mol/(m^2 \cdot s)$]	测试点土壤中 CO_2 含量 / [$\mu mol/(m^2 \cdot s)$]	
注气井	Q1	441.283	512.16	398.96	520.65	注气井四通下方
	Q2	434.49	456.86	387.03	464.08	距注气井 1m
	Q3	397.457	423.94	381.83	429.41	距注气井 13m
	Q4	401.273	444.52	382.78	449.04	距注气井 10m
	Q5	397.367	414.15	381.06	402.21	距注气井 15m
采油井	C1	400.297	401.93	379.05	411.5	采油井井口左侧
	C2	396.31	400.35	371.57	426.68	采油井井口右侧
	C3	395.44	456.77	379.33	423.5	距采油井 8m
	C4	394.57	441.81	380.74	565.94	距采油井 100m
农田	N1	396.343	404.34	382.09	574.01	采油井注气井之间，距注气井 150m 的农田中
	N2	395.87	412.96	374.83	447.28	采油井注气井之间，距注气井 300m 的农田中
生活水井	S1	453.483	471.56	378.84	422.8	距注气井 800m
背景值	D1	394.57	420.02	409.65	416.03	距注气井 16000m 的农田中

四、产出流体分析

1. 产出液物性分析

通过对井流体（水和油）物理化学性质变化的分析，可以了解 CO_2 羽状体的运移、溶解、流体岩石反应和井的完整性等相关信息，该技术的主要优点是能够在相对较低的成本下获取有关地下 CO_2 浓度和分布的详细而敏感的数据。监测可以在生产井、监测井和注水井中进行。在 CO_2 存储提高采收率中，可提供采样的井数比较多，覆盖面积广，进行井流体取样监测非常具有优势。

2. 水组分分析

通过对产出水的全方位多组分分析，包括其中的溶解气、微量元素、锶同位素比例和痕量金属，可以了解超临界二氧化碳在储层中发生的化学反应方向、速率和强度，对于评价储层及其上覆岩层容纳注入的 CO_2 和长期埋存 CO_2 能力非常有利。测试重点项目包括 pH 值、HCO_3^-、碱度、溶解气、烃类、阴阳离子和稳定同位素等。

黑 59 区块 CO_2 试验区现场水取样分析设计主要包括以下 4 个方面：

（1）借助色谱分析仪分析主要元素和离子，包括 Ca、Cl、Mg、K、Na 和 SO_4^{2-} 等。

（2）运用离子体分析仪分析微量和痕量元素，包括 Al、Ba、Fe、Si、Zn 等。

（3）通过现场中和滴定测得碱度资料，即 pH 值。

（4）溶解气的组分通过气相色谱分析仪进行测定。在样品上方产生临时真空进行抽提收集溶解。基于气液的平衡分离，通过测量气相中组分浓度来推算液相中溶解气的组成。对于同一个井的流出物，通过对四天以内所取样品的伽马光谱测定来分析氡的同位素含量。

以黑 59-12-10 井组为例，其水取样数据见表 3-15。

表 3-15　黑 59-12-10 井组水取样数据表

取样时间	pH 值	阳离子 / （mg/L）				阴离子 / （mg/L）				总矿化度 / （mg/L）
		Na⁺+K⁺	Mg²⁺	Ca²⁺	总阳离子	Cl⁻	SO₄²⁻	HCO₃⁻	总阴离子	
2008-4-1	7.2	—	18.4	45.1	—	886.3	—	1289	—	5206.8
2008-10-1	6.5	4344.8	12.8	47.6	4405.3	5968.4	38	1419.8	7426.2	11831.5
2008-11-1	6.5	4344.8	12.8	47.6	4405.3	5968.4	38	1419.8	7426.2	11831.5
2008-12-1	6.5	4597.5	28.9	52.3	4668.7	6487.4	8.5	1309.9	7797.3	12466
2009-1-1	6.5	4500	44.9	47.6	2683.6	3135.6	139.5	1673.4	4948.4	7632
2009-2-1	6.5	4505.9	19.3	52.9	4578	6141.4	138.2	1470.5	7750.1	12328.1

由表 3-15 中可以看出注入 CO_2 半年后，产出水的 pH 值变化较为明显，由 7.2 下降至 6.5，但是后来产出水的 pH 值基本没有变化，这说明 CO_2 在盐水中

的溶解速率相对较快，达到溶解平衡后，由于产生的碳酸水与矿物成分的溶解腐蚀以及沉淀反应的速度缓慢，导致 CO_2 与水的溶解平衡以及碳酸水的电离平衡保持相对的稳定。因而整个化学反应虽然发生右移，但速率非常缓慢，产出盐水 pH 值很长时间没有发生变化。产出水中 Ca^{2+}、Mg^{2+}、HCO_3^- 含量变化如图 3-7 所示，在整个取样阶段，黑 59-12-10 井含水率维持在 90% 以上，Ca^{2+} 和 HCO_3^- 离子的含量整体缓慢上升，而 Mg^{2+} 的含量在 CO_2 注入八个月后上升较快。这一变化趋势表明，CO_2 溶解在了盐水层中，而且与其中的岩石矿物发生了反应，但是矿物反应这一过程比较缓慢。

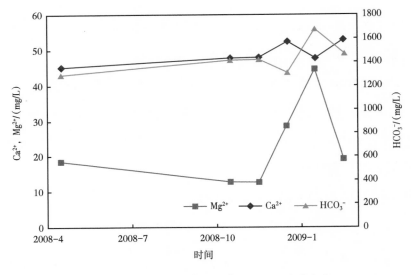

图 3-7　产出水中 Ca^{2+}、Mg^{2+}、HCO_3^- 含量变化

五、井场安全状况监测

CO_2 驱注气井每天注入大量 CO_2，一旦发生泄漏会造成人员伤害和很大的环境污染，因此，研究设计了井场安全状况监测技术，通过在井场设置压力、温度、CO_2 浓度检测、远传设备，实现了远程监测 CO_2 驱井口压力、温度、井口附近 CO_2 浓度，实时可视化监控井场状况，能及时发现问题，及时处理问题，能有效地杜绝事故发生。黑 59-12-6 注气井场安全监测如图 3-8 所示。

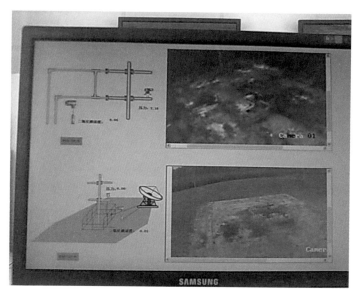

图 3-8　黑 59-12-6 注气井场安全监测

>> 参考文献 >>

[1] 汪芳，廖广志，苏春梅，等. 二氧化碳捕集、驱油与封存项目碳减排量核算方法 [J]. 石油勘探
与开发，2023，50（4）：862-871.

[2] 黄海东，张亮，任韶然，等. CO_2 驱与埋存中流体运移监测方法与结果 [J]. 科学技术与工程，
2013，13（31）：9316-9321.

[3] 张绍辉，张成明，潘若生，等. CO_2 驱注入井井筒完整性分析与风险评价 [J]. 西安石油大学学
报（自然科学版），2018，33（6）：90-95.

[4] 凌璐璐，张可霓. 二氧化碳地质封存瞬时非达西流井筒泄漏模型研究 [J]. 地下水，2013，35
（3）：1-5.

第四章　CCUS-EOR 项目二氧化碳
捕集与输送风险管控

CO_2 捕集与输送作为 CCUS 技术第一个环节，主要是基于特定的技术将煤、石油和天然气等化石能源利用过程中排放的低浓度 CO_2 进行分离浓缩，从而满足后续的封存及利用要求[1]。目前，随着"双碳"目标的临近，国内外 CCUS 项目正在不断发展推广，捕集与输送的风险问题若是不加以重视并进行深入研究，将给我国正在发展的 CCUS 产业埋下隐患。因此，本章主要针对 CO_2 捕集与输送中存在的风险进行辨识，并通过事故树分析方法对风险点进行评价，并给出相应防范措施。

第一节　CCUS-EOR 项目二氧化碳捕集风险管控

一、石油化工二氧化碳捕集风险

根据 GB/T 13861—2022《生产过程危险和有害因素分类与代码》和 GB 6441—1986《企业职工伤亡事故分类》分类标准，对 CO_2 捕集系统中存在的风险进行辨识分析，发现其存在的风险有火灾、其他爆炸、容器爆炸、中毒和窒息、冻伤、高处坠落、车辆伤害、触电、物体打击等。由于其他爆炸事故的后果严重性比火灾、容器爆炸等其他事故大，由从重原则，甲醇和丙烯发生其他爆炸事故为典型风险，本节只对其进行风险分析。当 CO_2 捕集系统中甲醇和丙烯发生泄漏后，就会在空气中形成爆炸混合物，一旦达到爆炸浓度后遇到火源就会发生其他爆炸[2]。

（1）CO_2 分离器、压缩机、换热器、冷却器、储罐等压力容器或输送管路因超压发生破裂而产生物理性爆炸，随之容器内甲醇外泄，遇火源发生火灾、其他爆炸，甚至产生二次或多次爆炸。

（2）管路、分离器、甲醇液体泵等工艺装置若挥发出甲醇蒸气，或因操作不当造成泄漏，一旦遇到明火、高温、电火花或雷击等火源，均易引起火灾和其他爆炸。

（3）甲醇输送管道、阀门、法兰、设备阀门损坏或被腐蚀导致泄漏后，与空气混合达到爆炸极限浓度，遇到电火花、明火、高温等火源易发生火灾、其他爆炸。

（4）CO_2 冷却器中丙烯泄漏与空气混合达到爆炸极限浓度，遇到电火花、明火、高温等火源易发生火灾、其他爆炸。

（5）防雷、防静电接地装置未定期检测，因腐蚀等原因，造成接地电阻增大，导致产生的电荷不能及时地释放，可能造成储罐受雷击或因静电放电而引发火灾、其他爆炸。

（6）由于甲醇输送管道、设备超压运行、管材材质不合格、安装不合格等原因，导致输送管道破裂后，甲醇与空气混合达到爆炸极限发生火灾、其他爆炸。

（7）容器、管道的基础不牢，框架或固定支架等稳固设施故障或失效，造成设备、管线破裂，导致甲醇、丙烯等泄漏，易遇火源发生火灾、其他爆炸。

（8）CO_2 分离器等压力容器中，若可燃介质泄漏遇空气会发生火灾、其他爆炸。

（9）CO_2 压缩机设备系统故障，导致润滑油泄漏，遇火源发生火灾；若形成油气，遇火源则发生其他爆炸。由于设备摩擦发热、冷却、润滑不良等，压缩机在高温下运行会使润滑油挥发裂解，在附近管道内造成积炭，可发生火灾、其他爆炸。

（10）生产装置中的设备、管线、法兰、垫片、阀门等密封不严，或管道破裂、穿孔等造成甲醇、丙烯泄漏，若遇火源会发生火灾。甲醇、丙烯发生泄漏后，若通风不良，与空气达到爆炸极限浓度，遇火源会发生其他爆炸。若未安装可燃气体报警装置或检测装置失效，没及时报警和联动，泄漏的甲醇、丙烯易达到爆炸极限浓度，遇火源会发生其他爆炸。

（11）通信或电气线路故障，导致 DCS 系统不能正常运转，从而导致捕集系统参数异常，易发生火灾和其他爆炸。

（12）地沟、电缆沟等低凹处和空气不流通的地方未采取防止易燃爆物质积聚的措施，易聚集可燃气体或蒸气，达爆炸极限，遇火源易引发火灾、其他爆炸。

（13）管道、容器检修时，在检修部分与可燃物部分未用盲板隔绝，致使甲醇或丙烯窜入检修部位，遇火源发生火灾、其他爆炸。

（14）设备超温、超压、超速、超负荷运转，或超期和带病运转等引起泄漏，遇火源发生火灾、其他爆炸。

（15）因生产装置区内没有配备消防器材或消防器材配备不足，或消防器材失效、不能使用等原因，导致生产装置发生火灾，没有得到及时施救，存在火灾进一步扩大产生其他爆炸的风险。

（16）没有根据生产装置实际情况编制事故应急救援预案，或有应急救援预案而没有定期组织培训和演练，导致出现突发事故不能或不会及时处理，致使由泄漏引发火灾，或由火灾引发其他爆炸等风险。

二、含 CO_2 天然气捕集风险

1. 含 CO_2 天然气捕集装置在生产过程中风险因素

1）甲烷

甲烷对人基本无毒，但空气中甲烷浓度过高能使人窒息，当空气中甲烷浓度达到 10% 时，将使人感到氧气不足；当空气中甲烷浓度达到 25%~30% 时，将使氧含量相对降低而引发一系列缺氧症状，如头痛、头晕、乏力、注意力不集中、呼吸和心跳加速、精细动作故障等；当空气中甲烷浓度超过 30% 时，可能因缺氧窒息、昏迷等。长期接触天然气可能还会出现神经衰弱。因此，如果发生天然气泄漏，则可能导致操作人员发生急慢性中毒甚至窒息事故。

2）二氧化碳

二氧化碳是无色、无臭的不可燃气体。吸入空气中 CO_2 达 3% 时，血压会升高，脉搏会增快，听力会减退，对体力劳动耐受力会降低；吸入空气中 CO_2 达 5% 时，吸入 30min，呼吸中枢会受刺激，轻微用力后会感到头痛和呼吸困难；吸入空气中 CO_2 达 7%~10% 时，数分钟即可使人意识丧失；吸入空气中 CO_2 达更高浓度时则可导致窒息死亡。长期接触浓度为 1%~1.5% 的 CO_2 无任何不适反应，但有报告指出血钙和尿磷可下降。液体 CO_2 温度低（-25℃），泄漏后会对人造成冻伤。

3）甲基二乙醇胺

脱碳用的甲基二乙醇胺（MDEA）为碱性物质，吸入其蒸汽易引发咳嗽，直接接触易刺激皮肤，并可能有灼伤等危险。

4）氮气窒息性分析

氮气本身无毒性，但有窒息性，氮气窒息死亡事故时有发生。所以在使用氮气置换时，必须遵守操作规程，氮气置换后操作人员要进入设备时，应先使用工厂风吹扫，容器用空气置换后一定要测氧含量，确保氧含量在 18%~21% 之间。

5）噪声

噪声过高会让人感到心烦意乱，影响人们身体健康。

2. 采取的相关防护措施

（1）总平面布置按有关规范要求设计，厂区内各装置及设施间有足够的防火间距，并设有消防通道。平面布置有利于污染物的扩散。

（2）整个工艺过程在密闭状态下进行，装置区内有毒气体浓度符合规范要求。所有设备和管道的强度、严密性及耐腐蚀性符合有关技术规范要求。在适当位置装设可燃气体、有毒气体检测报警仪等设施，以便万一发生可燃气体、有毒气体泄漏，可及时提供信息，及时处理。

（3）工厂设有火炬及放空系统，以便于在紧急状态下泄放天然气或酸气。各压力容器和系统均设有安全阀，在超压时泄压以保护设备和系统的安全。

（4）工厂设有自动联锁保护和紧急停车系统。

（5）全厂采用防爆型、隔爆型或安全型电气设备，以免当天然气泄漏时发生爆炸。

（6）建构筑物设计符合有关规范要求，生产区建构筑物耐火等级不低于二级。

（7）整个厂区内设置水消防系统，并配置移动式灭火器。

（8）在污水处理装置和循环水装置加药间、分析化验室有有毒气体排放的分析间等可能散发有毒气体的地方安装通风设施。

（9）厂内设急救站，万一发生中毒事件或其他工伤事故时能进行急救处理。

（10）在厂区显著位置设置风向标，万一发生有毒气体泄漏时，便于人员安全撤离。

（11）表面温度超过 60℃ 的设备和管道，在经常操作、维护部位均设防烫伤隔热层或隔热网。

（12）装置内所有机泵和压缩机均设置在泵房或压缩机房内，并且其外露的旋转件均设置防护罩。

（13）液体 CO_2 储罐区设置围堰，防止发生事故时，液体 CO_2 的泄漏造成对人的危害。

（14）工厂设专职安全技术人员，负责本厂的安全生产、劳动保护教育、监督和管理工作。

（15）现场巡检人员配备必要的保护设备。

（16）工厂内已配备有自给式正压空气呼吸器、长管空气呼吸器、逃生呼吸器、便携式可燃气体检测仪、全面罩等必要的防护设备。根据现场各工艺装置的特点，新增相应的劳动安全设备。

第二节 CCUS-EOR 项目二氧化碳输送风险管控

由于 CO_2 的物理性质，其通常可以由气态、液态、密相态及超临界态四种相态来进行运输。CO_2 商业化运输主要有三种途径：槽车、船和管道输送。CO_2 驱油是连续的，而车船运输却是周期性的，且需要临时储存，因此管道是长距离大规模输送 CO_2 最经济的运输方式，也是本书重点论述的输送方式。

一、二氧化碳管道输送风险分析

气相输送过程中，CO_2 在管道内保持气相状态，捕集后的 CO_2 通过压缩机压缩升高至输送压力。对于 CO_2 井，其开采出的气体多处于超临界状态，在进入管道之前需要对其进行节流降压，以符合管输要求。在对 CO_2 气体增压时，压力不可过高，以免超过其临界压力，进入超临界态。进入输气管道的气体必须清除机械杂质，水露点应比输送条件下最低环境温度低 5℃。输气站应设置越站旁通，进、出站管线需设置截断阀，截断阀位置应与工艺装置区保持一定距离，确保紧急情况下便于接近和操作，截断阀应当具备手动操作功能。超临界 CO_2 管道在运行过程中，管内温度、压力可能降至准临界区域内，物性参数的剧烈变化势必引起流体的不稳定流动，影响管道的运行安全。

目前，全球范围内已经有超过 80 个 CO_2 管道项目，其中有超过 8000km 的 CO_2 管道，目前 CO_2 管道多分布在北美和欧洲。而仅到 2004 年，美国就有 70 个 CO_2 管道输送项目，其中有长达 5800km 的 CO_2 输送管道，且全采用超临界输送技术。主要情况如下：

（1）Kinder Morgan：Kinder Morgan 是世界最大的 CO_2 管道运营商，其运营的 CO_2 管道达到 8000 多千米。CO_2 管道设计用到的钢管主要有：高频电阻焊接（HFW）或电阻焊（ERW）焊管，双埋弧焊管（DSAW）/直缝埋弧焊管，没有用到螺旋埋弧焊管，采用的钢级倾向于 X65 或 X70 钢。管道直径在 101.6~762mm 范围内。

（2）加拿大阿尔伯塔碳干线 Alberta Carbon Trunk Lin（ACTL）项目：2020 年 6 月 6 日，全世界最大的碳捕集与封存系统投入运行，ACTL 管道系统全长 240 km，以超临界/密相输送，$1460×10^4t/a$，设计标准 CSA Z662、CSA Z245、X65、D305mm×12.7mm 和 D406mm×14.3mm，最小埋深 1.2m，最大操作压力 18MPa，最大操作温度 40℃。此管线经过专门的设计，使用寿命超过 100 年，采用的是 ERW 碳钢。它被设置为 448 级，Ⅱ 类 M18oC ERW 管，属于 Wolf Midstream 公司。

针对 CO_2 管道运输，主要分析其因泄漏造成的危害有：

（1）低温危害。

高压的 CO_2 从输运管道泄漏到空气中后压力骤降，由于焦耳汤姆逊效应导致其温度骤降，温度甚至达到 CO_2 三相点以下形成干冰。由于与周围环境的温差极大，泄漏后的 CO_2 将会剧烈地沸腾蒸发，这个过程中 CO_2 从环境中吸收大量的热量，导致周围环境温度急剧下降，对附近的人和动物有冻伤危害。

（2）窒息危害。

CO_2 是一种窒息气体，只要空气中的 CO_2 浓度大于 7% 就会导致人昏迷或死亡。CO_2 管道泄漏后，由于其密度比空气要大，将会在泄漏口附近区域近地面处聚集大面积的高浓度 CO_2 气云，随大气漂移扩散的 CO_2 低温云团将对来不及疏散的人群造成严重的窒息危害。

（3）快速相变危害。

两种温度相差极大的液体突然混合在一起，就可能引发快速相变反应，过热液体将极速沸腾。低温的 CO_2 若泄漏到水中，则会导致 CO_2 在极短的时间内汽化，这个过程会产生相当于爆炸效果的超压，对 CO_2 管道泄漏口附近的构筑物和设备造成严重破坏[3]。

二、二氧化碳管道输送泄漏扩散过程模型

1. 模型建立及网格划分

1）模型建立

因为在模拟时的环境是理想环境，所以在建立模型的时候也做了一些简化：

（1）土壤介质中只考虑空气和 CO_2 气体两种物质，作为两相流。

（2）土壤均匀，即土壤的各项性质与土壤中的位置无关，且土壤各向同性，即土壤的性质与土壤中的方向无关。

（3）土壤介质与流体均不可压缩，且密度保持不变。

（4）不考虑吸附和降解作用，忽略各相间的质量传输作用。

（5）数值模拟区域为管道以上、地表以下的区域。

高压密相 CO_2 埋地管线泄漏扩散模型如图 4-1 所示。

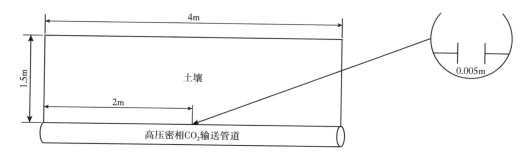

图 4-1　高压密相 CO_2 埋地管线泄漏扩散模型图

2）网格划分

计算流体力学本质就是对控制方程在指定的点或区域进行离散，从而转变成在各网格点或区域上定义的代数方程组，然后用线性代数的方法迭代求解。网格划分就是把流体力学计算的几何区域进行离散，在整个计算区域生成网格。因此，网格是数值计算的基础，是计算流体力学在气体混合领域应用的关键技术之一，网格质量的好坏对计算精度有很大影响。

采用前处理 Gambit 进行模型建立和网格划分，在模拟当中，集合模型规整，所以选择四边形结构化网格，网格总数为 240000 个，节点总数为 241101 个。计算区域模型网格划分如图 4-2 所示。

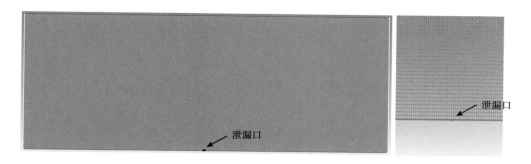

图 4-2　模型网格划分

3）数学模型

（1）质量守恒方程。

任何流动问题都必须满足质量守恒定律。该定律可表述为：单位时间内流体微元体中质量的增加，等于同一时间间隔内流入该微元体的净质量。按照这一定律，可以得出单相流质量守恒方程：

$$\frac{\partial \rho}{\partial t} + \frac{\partial(\rho u_x)}{\partial x} + \frac{\partial(\rho u_y)}{\partial y} = 0 \qquad (4-1)$$

引入矢量符号 $\mathrm{div}(a) = \dfrac{\partial a_x}{\partial x} + \dfrac{\partial a_y}{\partial y}$，得

$$\frac{\partial \rho}{\partial t} + \mathrm{div}(\rho u) = 0 \qquad (4-2)$$

式中　ρ——密度，kg/m^3；

　　　t——时间，s；

　　　u——速度，m/s。

（2）动量守恒方程。

动量守恒定律可以表述为：流体的动量对时间的变化率等于外界作用在流体的各种力之和。

引入矢量符号 $\mathrm{div}(a) = \dfrac{\partial a_x}{\partial x} + \dfrac{\partial a_y}{\partial y}$，得

$$\frac{\partial}{\partial t}(\rho u_x) + \mathrm{div}(\rho u_x u) = -\frac{\partial p}{\partial x} + \frac{\partial \tau_{xx}}{\partial x} + \frac{\partial \tau_{yx}}{\partial y} + F_x \qquad (4-3)$$

$$\frac{\partial}{\partial t}(\rho u_y) + \mathrm{div}(\rho u_y u) = -\frac{\partial p}{\partial y} + \frac{\partial \tau_{xy}}{\partial x} + \frac{\partial \tau_{yy}}{\partial y} + F_y \qquad (4-4)$$

式中　p——流体微元体上的压力，Pa；

　　　τ_{xx}，τ_{xy}——作用在流体上黏性应力分量；

　　　F_x，F_y——流体上的体积力。

若只有重力作用，则 $F_x = 0$，$F_y = -\rho g$。

对于牛顿流体，黏性应力 τ 与流体的变形率成正比，有

$$\tau_{xx} = 2\mu \frac{\partial u_x}{\partial x} + \lambda \operatorname{div}(u) \qquad (4-5)$$

$$\tau_{yy} = 2\mu \frac{\partial u_y}{\partial y} + \lambda \operatorname{div}(u) \qquad (4-6)$$

$$\tau_{xy} = \tau_{yx} = \mu \left(\frac{\partial u_x}{\partial y} + \frac{\partial u_y}{\partial x} \right) \qquad (4-7)$$

式中　μ——动力黏度系数，Pa·s；

　　　λ——第二黏度系数，一般可取 $-2/3$。

将式（4-5）至式（4-7）代入式（4-3）和式（4-4），得

$$\frac{\partial}{\partial t}(\rho u_x) + \operatorname{div}(\rho u_x u) = \operatorname{div}(\mu \operatorname{grad} u_x) - \frac{\partial p}{\partial x} + S_{u_x} \qquad (4-8)$$

$$\frac{\partial}{\partial t}(\rho u_y) + \operatorname{div}(\rho u_y u) = \operatorname{div}(\mu \operatorname{grad} u_y) - \frac{\partial p}{\partial x} + S_{u_y} \qquad (4-9)$$

$$\operatorname{grad}(\ ) = \frac{\partial(\ )}{\partial x} + \frac{\partial(\ )}{\partial y}$$

式中　S_{u_x}——动量守恒方程的广义源项，即 $S_{u_x} = F_x + s_x$；

　　　S_{u_y}——动量守恒方程的广义源项，即 $S_{u_y} = F_y + s_y$。

S_x 和 S_y 的表达式如式（4-10）和式（4-11）所示。

$$s_x = \frac{\partial}{\partial x}\left(\mu \frac{\partial u_x}{\partial x} \right) + \frac{\partial}{\partial y}\left(\mu \frac{\partial u_y}{\partial x} \right) + \frac{\partial}{\partial x}(\lambda \operatorname{div} u) \qquad (4-10)$$

$$s_y = \frac{\partial}{\partial x}\left(\mu \frac{\partial u_x}{\partial y} \right) + \frac{\partial}{\partial y}\left(\mu \frac{\partial u_y}{\partial y} \right) + \frac{\partial}{\partial y}(\lambda \operatorname{div} u) \qquad (4-11)$$

式（4-8）至式（4-11）即为动量守恒方程。

（3）能量守恒方程。

能量守恒定律是包含有热交换的系统必须满足的基本定律。该定律是指流体中能量的增加率等于进去流体的净热流量加上体力与面力对流体所做的功。该定律即是热力学第一定律。

Fluent 的标准能量为

$$\frac{\partial}{\partial t}(\rho E) + \nabla \cdot [u(\rho_k E_k + p)] = \nabla \cdot \left(\lambda_f \nabla T - \sum h_i J_i + \tau_{eff} u \right) + S_h \qquad （4-12）$$

流体的能量 E 通常是内能 i、动能 $K = \frac{1}{2}(u_x^2 + u_y^2)$ 和势能 p 三项之和。由于动能与其他能量相比较小，从中扣除动能的变化，从而得到关于内能 i 的守恒方程。内能 i 与 T 温度之间存在一定关系，即 $i = c_p T$，其中 c_p 为比热容。这样可以得到以温度 T 为变量的能量守恒方程：

$$\frac{\partial}{\partial t}(\rho T) + \text{div}[\rho(\rho u T)] = \text{div}\left(\frac{\lambda_f}{c_p} \text{grad} T \right) + S_T \qquad （4-13）$$

式（4-13）可写成展开形式：

$$\frac{\partial(\rho T)}{\partial t} + \frac{\partial(\rho u_x T)}{\partial x} + \frac{\partial(\rho u_y T)}{\partial y} = \frac{\partial}{\partial x}\left(\frac{\lambda_f}{c_p} \frac{\partial T}{\partial x} \right) + \frac{\partial}{\partial y}\left(\frac{\lambda_f}{c_p} \frac{\partial T}{\partial y} \right) + S_T \qquad （4-14）$$

式中　c_p——比热容，J/（kg·K）；

　　　T——温度场，K；

　　　λ_f——流体的导热系数，W/（m·K）；

　　　S_T——流体的内机械能转换为热能的部分，有时简称为黏性耗散项。

（4）流体本构方程。

本构方程是描述物质对所受力的力学响应的方程，也称为流变方程。气液两相流动问题属于气体或非牛顿液体的流动问题。研究的流体对象为非牛顿幂律型流体，其本构方程为

$$\tau = C \dot{\gamma}^j \qquad （4-15）$$

式中　C——稠度系数，$Pa \cdot s^n$；

　　　　j——幂律行为指数，亦称流变指数。j的大小表征了该流体偏离牛顿流体的程度。对假塑性流体：$0 < j < 1$；对于膨胀性流体：$j > 1$；对于牛顿流体：$j > 1$。

2. Fluent 模拟参数设定

1）求解器设定

Fluent 提供了两种求解的方法，相应的有两种求解器，即分离求解器（Segregated Sovler）和耦合求解器（Coupled Sovler），同时求解器又分为显示和隐式两种求解方式。根据经验和实际情况来说，分离式求解器主要用于不可压和微可压流动，而耦合式求解器用于高速可压流动。本小节中高压密相 CO_2、空气、CO_2 气体假定为不可压缩，因此选择适用于不可压缩的非耦合隐式求解器。

2）材料属性设定

本小节中的模拟所涉及的材料一共有 4 种，分别是密相液态 CO_2、气态 CO_2、空气和多孔介质土壤，其参数设置见表 4-1。

表 4-1　材料参数设置

材料名称	密度 / （kg/m^3）	比定压热容 / [$J/（kg \cdot K）$]	导热系数 / [$W/（m \cdot K）$]	黏度 / （$\mu Pa \cdot s$）
密相 CO_2	1068.899	852	0.0169	403.99
气态 CO_2	1.764	852	1.642	14.932
空气	1.225	1006	0.0242	18.448
土粒[①]	2650	954.4	0.89	

①土粒的粒子半径为 0.5mm，孔隙度为 0.45。

3）操作条件设定

由于气态 CO_2 的密度要高于空气，所以模拟计算时需要考虑重力的因素，而土壤在实际中与大气连通，所以设定的环境是一个大气压。运行环境参数设置具体见表 4-2。

表 4-2　运行环境参数设置

设置参数	边界条件设置
工作压力 /Pa	101325
重力加速度 / （m/s²）	9.8

3. 埋地管线泄漏扩散模拟过程分析

本次模拟密相液态 CO_2 输送管道在土壤中局部失效导致 CO_2 在土壤内的泄漏情况。泄漏压力恒定为 15MPa，泄漏入口的温度恒定为 273K，土壤环境的初始温度为 297K，其发生泄漏后 5s 内的土壤中温度分布变化如图 4-3 所示。

根据图 4-3 所示的温度分布变化，可以看出以下 4 个现象：

（1）在管线发生泄漏的瞬间，密相 CO_2 泄漏到土壤中时，瞬间内温度大幅度下降至 257K。

（2）管线发生泄漏后，在泄漏口的正上方出现一条低温线，并随着泄漏时间的延长，低温线也越来越长，而且在这条线上出现了整个土壤区域内的最低温，最低温随着时间延长逐渐缓慢变低。

（3）在管线发生泄漏后，低温也会影响到周围环境的温度，温度降低的区域从 0.5m 左右就开始逐渐扩散，随着低温线的延长，降温区域半径也逐渐增大，直至接触到土壤的顶端。

（4）当降温区域到达土壤顶端时，土壤的表层温度均匀下降，随着泄漏的发生，表层降温的厚度也逐渐增大。

对模拟管线泄漏土壤区域的温度分布的结果的分析如下：

（1）管线发生泄漏的瞬间，土壤中环境温度远高于 CO_2 的饱和温度，密相 CO_2 发生闪蒸，所以瞬间内温度大幅度下降约 16℃。

（2）泄漏口正上方的低温线是由于高压密相 CO_2 的射流作用而产生的，同时也是由于密相 CO_2 发生相变，所以低温持续降温而呈现出低温线，且由于密相 CO_2 持续相变，使得最低温也持续降低。

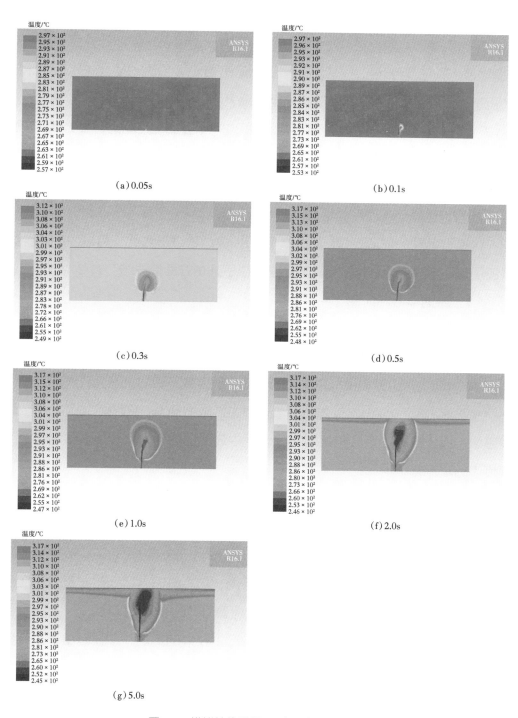

图 4-3　模拟管线泄漏 5s 内温度分布变化

（3）降温区域的增大是受到了热传递和土壤的影响。低温线与周围土壤温度存在温度差，能量会在两者之间传递；同时，土壤是一种多孔介质，存在孔隙阻力影响。在射流经过一段距离后，高压密相 CO_2 湍流动能损失较大，无法继续形成射流，因而低温线未曾延长至土壤表层。

（4）低温区域扩大到土壤表层后，由于空气与土壤之间的传热能力不同，从而土壤表层温度迅速降低；随着密相液体 CO_2 的持续泄漏与相变，土壤表层降温区域也逐渐加厚，低温在土壤内又由表层向下扩散。

4. 埋地管线泄漏过程实验与模拟差异分析

将模拟得到的扩散过程和实验得到的扩散过程进行对比，可以发现两种结果还是有一定的差异，这种差异可能是由以下几个方面造成的。

1）土壤的参数不同

实验所使用的土壤是工业用沙，沙土的孔隙度大约为 0.85，其导热系数为 0.27W/（m·K），而在模拟计算中的设置土壤的孔隙度为 0.45，导热系数为 0.89W/（m·K），实验和模拟中使用的多孔介质参数不相同。多孔介质的孔隙度不同会影响到空气和 CO_2 气体在土壤介质中扩散的速率，孔隙度越大，扩散速率越快；而土壤导热系数的不同影响土壤中热传递的速率，导热系数越低，温度传递的速率越慢。

2）泄漏量不同

实验中使用圆柱形的承压管件来承载密相液态 CO_2，其容积为 $8.8313×10^{-3}m^3$，而当爆破片破裂的同时关闭了承压管件的入气阀，由此可见，在实验中所泄漏密相 CO_2 的量是一定的。但模拟方案中不同，仿真时的入口处是一直有高压密相 CO_2 进入土壤区域中，且泄漏压力不会随着泄漏的时间而变化。

不同的泄漏量会对土壤中的温度分布产生较大的影响，主要是由于泄漏量的不同会对泄漏时间产生影响。当泄漏量一定时，承压管件内的密相 CO_2 全部泄漏并相变完成后，沙土内的温度会逐渐回升直至室温；但在模拟中，密相 CO_2 持续泄漏没有定量，也就是低温密相 CO_2 的相变过程会在多孔介质中持续发生，这会导致在相同的时间内，模拟计算所得到的土壤温度分布要比实验得到的温度分布更低。

3）边界条件不同

模拟方法中，计算区域的边界条件是不变的，入口处的压力恒定为 15MPa，在实验过程中，虽然同样使用最大承压为 15MPa 的爆破片，但在爆破片破裂的瞬间，泄漏压力通常比最大承压更大，同时随着承压管件内的气体泄漏，泄漏压力逐渐减小，直至与大气压相同。

同时，在模拟中入口边界的大小也是固定不变的，但在实验过程中，由于爆破片的破裂和承压管件内压力的下降，会使得箱体内的沙土漏到管线内，影响气体的泄漏；降温过程中会出现凝结的干冰，也可能会堵塞泄漏口，致使泄漏口短暂的泄漏不畅，从而影响短时间内土壤中的温度分布。

另外，实验中对温度的控制也不能做到十分严格，只能将温度落在密相液态 CO_2 范围内，而不能保证温度保持不变；但模拟过程中，入口处是以恒温进行泄漏，与实验条件有出入。

4）密相二氧化碳相变过程不明

模拟中的泄漏相变是使用 Fluent 自带的蒸发—冷凝模型，这个模型中设置了发生相变前后的两种材料即密相 CO_2 与气态 CO_2 的蒸发过程，但在实验环境下，密相 CO_2 发生的相变过程更加复杂。

在之前学者的实验研究中发现，在高压密相 CO_2 射流到空气中时，所喷射出的不单有 CO_2 的气体，其中也夹杂了肉眼可见的干冰颗粒，因此也可以推断，在相变的过程中同样可能短暂出现液态 CO_2 甚至超临界态二氧化碳，而且同样不能确定的还有不同相态的 CO_2 在总体中的比例。而在模拟中的相变过程简化了实际上复杂的相变，只选择了相变的初始和最终的状态，即密相液态 CO_2 和气态 CO_2 的一次相变，与实际相变过程有差异。

以高压密相 CO_2 管道输送工艺为背景，以高压密相 CO_2 埋地管线泄漏后土壤中的温度分布为研究对象，自行设计并搭建了 CO_2 相变注入系统和密相液态

CO_2 埋地管线泄漏模拟装置，以及提出在多孔介质中伴随相变过程的泄漏扩散的计算模型。通过理论分析、实验分析和数值模拟等研究方法，分析得到了如下的主要结论：

（1）实验条件下，当管线小孔泄漏时，沙土中的温度分布呈漏斗的形状。泄漏口正上方为低温区，向外温度逐渐升高。由于泄漏的高压密相 CO_2 体积有限，所以在实验过程中温度会逐渐回升。

（2）实验条件下管线泄漏后沙土中最低温出现在泄漏口正上方一定距离处，该距离会受到泄漏口口径的影响，泄漏口径越大，最低温处与泄漏口的垂直距离越大。且该点处也是沙土中出现最大温差的点，最大温差与管线泄漏后射流的冲击力有关，冲击力越大，最大温差越小。

（3）沙土中表层的最大温差与泄漏口径几乎无关，但会受到泄漏压力的影响，泄漏压力越大，表层测点最大温差越大。温度达到最低的时间与泄漏口径关系较大，泄漏口径越小，表层温度下降越慢。由于目前针对射流对人体的局部伤害，还未有明确标准来进行伤害等级划分，类似冲击波超压——冲量伤害准则和汽车撞击加速度伤害标准等现有标准都不适用于评价射流对人体的局部伤害。通过实验发现，以冲击力这一参数来评价射流威力是可行有效地，可以通过分析实验测得的射流冲击力参数来进行安全距离确定。

通过对 20mm 泄漏口径 15MPa 泄漏压力条件下的泄漏射流进行分析（图 4-4），发现泄漏 CO_2 在 0~1.50m 内保持较好的射流形态，1.50m 之后射流扩散速度逐渐减小，逐渐向重气扩散演变，其破坏威力也相应降低。对比实验测得射流冲击力发现，0.25~1.50m 内冲击力为 233~1420N，处于较高范围，作用面积为 $0.0135m^2$，射流形态稳定冲击力作用点相对集中。若此时有工作人员被射流集中，在巨大的冲击力作用下，很可能产生内脏破裂甚至贯穿性损伤。由于射流伤害的特殊性，一旦皮肤出现伤口，会有大量流体进入肌肉在内部进行更大的破坏，同时 0~1.50m 内的高压状态下 CO_2 射流温度极低（在 -50~-20℃ 范围内），会进一步加剧对人体的伤害程度。因此，将实验条件下泄漏后产生射流 0~1.50m 的范围定义为死亡重伤区，在实际生产过程中，一旦发生泄漏，绝对禁止进入该区域；在 1.50~3.00m 区域内冲击力为 20~233N，冲击力已明显减弱，但在实验测试过程中出现过射流冲击力为 200N 时将 40kg 的实验固定靶推后半米的情况，在实际泄漏过程中，该区域内的射流可能会将人员推倒而产生额外伤害，因此将此区域定为轻伤区。结合实际情况考虑，若在 0~1.00m 内射流作用于石头等异物，将会赋予其很大动能，在更远的范围内对人体产生伤害，危害区域进一步增大。因而结合射流冲击力、低温伤害，以及实际情况综合分析，本着安全最大化原则，最终将射流安全距离确定为 5.00m。需要特别指出的是，此处的安全距离是针对射流伤害而言，在其他一些文献中，CO_2 泄漏安全距离界从 1m~7.2km 众说纷纭，它是针对 CO_2 长时间泄漏后的窒息区域界定的，与课题针对的事故类型不一致。

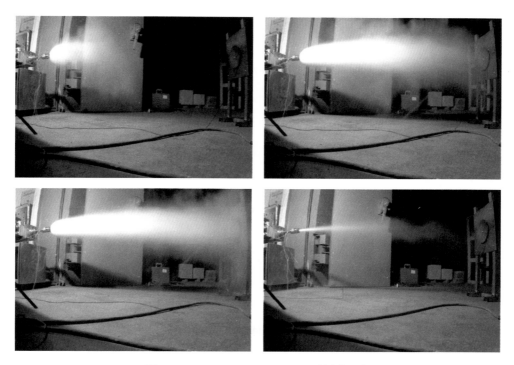

图 4-4　D_m=20mm、p_m=15MPa 时射流形态

将实验条件与实际生产现状对比，由于实验设备容积所限，发生泄漏后设备内压力下降过快，不能提供稳定泄压，而实际工况下泄漏最初一段时间内压力下降并不明显，产生的射流威力及射流范围会比实验条件下的更大，产生的伤害后果也将更加严重，实际生产过程中安全距离应酌情增大。同时，实验条件下测试的最大泄漏口径为 20mm，在实际泄漏过程中可能会有更大泄漏口径的情况发生，产生的危害会进一步加大，如大连理工大学曾对工业规模 CO_2 管道全口径泄漏进行研究，管道内径 233mm，外径 273mm，长度为 260m，泄漏压力为 8.3MPa，全口径泄漏时产生的气流喷射距离长达 40m，将一台 30kg 铁架吹飞 10m，威力巨大，进一步验证了课题结论：随着泄漏口径增大，射流冲击力也随之增大。实际过程中，发生更多的为小孔泄漏，综合分析，课题的实验结论符合实际生产现状，安全距离合理可靠，对防治高压状态下 CO_2 泄漏伤害事故提供了重要的科学依据。

根据国外超临界 CO_2 输送管道相关标准规范及已建工程，中小口径规格主要采用 HFW 焊管，大口径规格采用直缝埋弧焊管，技术成熟、可靠，实现了规模化应用。对于 HFW 焊管应用超临界二氧化碳管道，国外对 HFW 焊管技术要求 HFW 管道的最大壁厚一般限制在 20 mm 以内。厚度超过 20mm 的 HFW 管道经过详细的评估也可考虑。电阻焊管的焊接电流频率一般等于或大于 100kHz。

三、管线设计防范对策

CO_2 采用气相输送时，沿线任何一点的压力都不应高于输送温度下 CO_2 的饱和蒸气压。各进站压力应比同温度下 CO_2 的露点压力低 1MPa，末站进站前的压力应比同温度下 CO_2 的露点压力低 0.5MPa；CO_2 采用液相输送时，沿线任何一点的压力都应高于输送温度下 CO_2 的饱和蒸气压。沿线各中间泵站的进站压力应比同温度下 CO_2 的泡点压力高 1MPa，末站进站前的压力应比同温度下 CO_2 的泡点压力高 0.5MPa；CO_2 采用超临界输送时，沿线任一点压力不应低于临界压力的 1.1 倍；CO_2 采用液相输送时，管道宜保冷。

1. 二氧化碳介质应符合的规定

（1）水含量应不大于 $160.8mg/m^3$，同时水露点应低于输送条件下管道环境温度 5℃。

（2）硫化氢含量应不大于 $15.17mg/m^3$、总硫含量（以硫计）应不大于 $200mg/m^3$。

（3）其他指标应满足用户的使用要求。

2. 泄压放空系统

进站截断阀上游或出站截断阀下游宜设置泄压放空设施。干线截断阀上下游宜设置放空阀或放空管，放空管至截断阀的距离不宜小于 5m。存在超压的管道、设备和容器，应设置安全阀或其他压力控制设施。

安全阀的定压应经系统分析后确定，并应符合下列规定：

（1）压力容器的安全阀定压压力应小于或等于受压容器的设计压力。

（2）管道的安全阀定压压力（p_0）应根据工艺管道最大允许操作压力（p）确定：

①当 $p \leqslant 1.8MPa$ 时，$p_0=p+0.18MPa$。

②当 $1.8MPa < p \leqslant 7.5MPa$ 时，$p_0=1.1p$。

③当 $p > 7.5MPa$ 时，$p_0=1.05p$。

安全阀泄放管直径应符合下列规定：

（1）单个安全阀的泄放管直径，应按背压不大于该阀泄放压力的 10% 确定，且不应小于安全阀的出口直径。

（2）连接多个安全阀的泄放管直径，应按所有安全阀同时泄放时产生的背压不大于其中任何一个安全阀的泄放压力的 10% 确定，且泄放管截面积不应小于各安全阀泄放支管截面积之和。

3. 线路

线路应避开飞机场、铁路车站、汽车客运站、海（河）港码头等区域，宜避开环境敏感区、城镇规划区和多年生经济作物区。当受条件限制无法避开时，应征得主管部门同意，并采取安全保护措施。线路应避开重要的军事措施、易燃易爆仓库及重点文物保护区。河流大中型穿（跨）越位置的选择，应符合线路总走向。局部走向应根据大、中型穿（跨）越位置进行调整。线路应避开滑坡、崩塌、沉陷、泥石流等不良工程地质区，宜避开矿产资源区、危及管道安全的地震区。当受条件限制无法避开时，应采取防护措施并选择合适位置，缩小通过距离。

4. 地区等级划分

CO_2 管道通过的地区，沿管道中心线两侧各 200m 范围内，任意划分成长度为 2km 并能包括最大聚居户数的若干地段，按划定地段的户数划分为 4 个等级。在农村人口聚集的村庄、大院、住宅楼，应以每一独立户作为一个供人居住的建筑物计算。地区等级划分见表 4-3。

表 4-3　地区等级划分表

地区等级	说明
一级地区	户数在 15 户或以下的区段
二级地区	户数在 15 户以上、100 户以下的区段
三级地区	户数在 100 户或以上的区段，包括市郊居住区、商业区、工业区、规划发展区，以及不够四级地区条件的人口稠密区
四级地区	四层及四层以上楼房（不计地下室层数）普遍集中、交通频繁、地下设施多的区段

在一、二级地区内的学校、医院，以及其他公共场所等人群聚集的地方，应按三级地区选取设计系数。当一个地区的发展规划，足以改变该地区的现有等级时，应按发展规划划分地区等级。

5. 管道敷设

CO_2 管道应埋地敷设，特殊地段可土堤敷设或地上敷设。埋地管道的埋设深度，应根据管道所经地段的农田耕作深度、冻土深度、地形和地质条件、地下水深度、地面车辆所施加的荷载及管道稳定性的要求，经综合分析后确定。管顶的覆土层厚度不宜小于 1.2m。

埋地管道的管沟设计采用土堤敷设时，应符合 GB 50251—2015《输气管道工程设计规范》的规定。

6. 线路截断阀的设置

CO_2 管道应设置线路截断阀。线路截断阀位置应选择在交通方便、地形开阔、地势较高的地方。线路截断阀间距宜符合表 4-4 的规定。

表 4-4　不同地区等级线路截断阀间距

CO₂ 输送状态	线路截断阀间距 /km			
	一级	二级	三级	四级
气相输送	32	24	16	8
液相、超临界输送	32	15	15	15

线路截断阀间距可适当调整。一、二级地区调整不应超过 2km，三、四级地区调整不应超过 1km。当 CO_2 管道从低地区等级进入高地区等级时，线路截断阀宜安装在城镇和村庄的管道上游。线路截断阀应能通过清管器或检测仪器，可采用自动或手动阀门，当采用自动阀门时，应具有手动操作功能。线路截断阀和止回阀之间应设置泄压措施。

7. 高后果区

高后果区管段识别分级应符合表 4-5 的规定。

表 4-5　管段识别分级表

分级	识别项
I 级	管道两侧各 50m 内有高速公路、国道、省道、铁路等
I 级	管道两侧各 200m 内有水源、河流、大中型水库
I 级	管道两侧各 200m 内有湿地、森林、河口等国家自然保护地区
II 级	三级地区
II 级	管道两侧各 200m 内有聚居户数 50 户或以上的村庄、乡镇等
II 级	管道两侧各 200m 内有医院、学校、幼儿园、养老院、监狱、商场、贸易市场、广场、寺庙等
III 级	四级地区

注：I 级代表最小的严重程度，III 级代表最大的严重程度。

当地形起伏较大时，可依据地形地貌判断泄漏 CO_2 可能的流动方向，对表 4-5 中的 Ⅰ 级和 Ⅱ 级的距离进行调整。高后果区边界应设定为距离最近一栋建筑物外边缘 200m。高后果区区段相互重叠或相隔不超过 50m 时，应作为一个高后果区段。高后果区应采取提高管道壁厚、增大管道埋深、增设警示标识等措施。

8. 站场工艺

1）站场工艺应符合的规定

（1）站场工艺设置应满足管道输送工艺、运行条件及用户的需求。

（2）首站及中间注入站应设置组分分析仪、水露点检测仪。

（3）泵或压缩机的流量调节宜采用转速调节，具有分输功能的站场应设置流量或压力调节控制设施。

（4）站场应设置越战旁通。进、出站管线应设置切断阀，宜具备远控和手动操作功能。

（5）管道内输送介质不应发生相变。

（6）气相输送时站内介质流速宜为 10~20m/s；超临界输送时站内介质流速宜为 0.8~1.4m/s，且不应大于 3m/s。

（7）液相、超临界输送管道应设置隔断。

（8）用于贸易交接的流量计，应设有备用，且不应设置旁路。

2）清管设计应符合的规定

（1）清管宜采用不停输密闭工艺。

（2）收、发球筒应满足智能清管检测器的使用要求。

（3）清管产生的污物应收集处理。

3）增压设计应符合的规定

（1）增压站应根据管道沿线压力分布、输送介质的稳定性和工程经济性确定。

（2）增压设备的选型和配置，应根据管道流量、进出站压力、介质相态等参数确定。气相输送时应选用压缩机，液相输送时宜选用离心泵。

（3）增压设备入口段不应出现两相流。

（4）增压设备进出口应设置截断阀及旁路，进口还应设置过滤器，出口还应设置止回阀和安全阀。

（5）泵或压缩机宜用电动机驱动，设备与电动机之间的连接宜选用弹性膜片联轴器，联轴器的设计使用系数不应小于 1.5。

4）减压设计应符合的规定

（1）管内压力大于下一站的允许进口压力时，应采取减压措施。

（2）减压站上游最高点处不应出现液柱分离现象。

（3）减压阀在事故状态下应能自动关闭，进口应设置过滤器，出口应设置截断阀。

9. 辅助系统

地势低洼且 CO_2 气体易于聚集处，应设置 CO_2 气体探测器。一级报警设定值宜不大于浓度的 0.5%，二级报警设定值宜不大于浓度的 1%。探测器安装高度应高出地面 0.3~0.6m。处于封闭或局部通风不良的半敞开厂房内，除了设置 CO_2 气体探测器外，还应设置氧气探测器。CO_2 输送管道宜设置泄漏检测系统。

四、管线泄漏防范对策

根据实验结论，对高压状态下 CO_2 输送从管道设计、生产运行以及事故应急提出以下对策：

（1）CO_2 输送管道线路选定应符合当地规划与土地部门要求，结合灾害评估，避开有害环境地段，同时应与人口密集地段设置一定安全距离；进行力学安全核算，管件设计应满足生产运行压力条件下的力学要求，还应满足在输送温度与环境温度区间内的形变要求；施工工程中必须严格按照设计要求执行，对设备材料、焊接、安装严格进行质量验收，确保管线建设质量。管道合格后液压，输送高压状态下 CO_2 之前，需对管道内部进行彻底清洗并干燥，防止运行时产生碳酸腐蚀管道。

（2）生产运行过程中，应建立长期有效的安全管理机制，严格落实巡检制度，保证管线可靠，发现可疑腐蚀管件时应及时汇报并限期整改，将隐患消除于萌芽状态。对于可疑腐蚀管件，其发生泄漏的危险性极高，应根据课题实验结果，设定最少 5m 的安全距离进行隔离监管并及时清管进行修补。高压状态下 CO_2 管道应安装中间截断阀，一旦发生泄漏，中间截断阀可有效减少 CO_2 泄漏量，从而降低泄漏危害。应定期清管并实施内检测，降低管道泄漏风险，建议每 5 年进行一次内检测。

（3）发生泄漏后，应及时参考课题实验得出的安全距离对泄漏位置进行隔离，启动中间截断阀控制 CO_2 泄漏量，并按照高压管道泄漏事故应急预案处理事故。需要注意的是，课题提供的安全距离是针对泄漏产生射流的伤害进行评估，由于 CO_2 具有窒息性，长时间泄漏后，泄漏口附近会形成窒息区域，事故处理人员应佩戴氧气呼吸器进行作业，以防窒息事故的发生。

>> 参考文献 >>

[1] 张徽，胡丽莎，郑长远. 超高浓度 CO_2 对主要环境介质的影响 [J]. 环境工程，2019，37（2）：35-39，44.

[2] 王贺谊，江绍静，郑晓亮，等. 榆林煤化工 CO_2 捕集系统典型风险分析与评价 [J]. 工业安全与环保，2021，47（3）：78-82.

[3] 王润刚. 超临界二氧化碳运输管道泄漏扩散规律及风险探究 [J]. 石化技术，2016，23（12）：28.

第五章　CCUS-EOR 项目井筒工程风险管控

井筒工程风险管控需要从钻井、生产、作业等多环节系统考虑，特别针对从水驱开发转 CO_2 驱开发，需要开展系统井况完整性分析与评价，生产过程中需要持续跟踪评价注采井完整性。环空带压井需要开展带压原因分析，井下作业过程要严格按照井控风险控制要求执行，保障 CO_2 驱注采井安全平稳运行[1-10]。

第一节　CCUS-EOR 项目井筒完整性管控

根据 SINTEF 研究机构曾经对 217 口生产井进行跟踪分析，发现在 1998 年到 2007 年，泄漏井数占比由原来的 1.7% 增加到 25.5%，1/4 以上的井出现泄漏问题（图 5-1）。生产井和注气井失效比例如图 5-2 所示，注气井的泄漏情况是生产井的 2~3 倍，注气井由于注气工艺的特殊性，更容易出现泄漏的情况。为

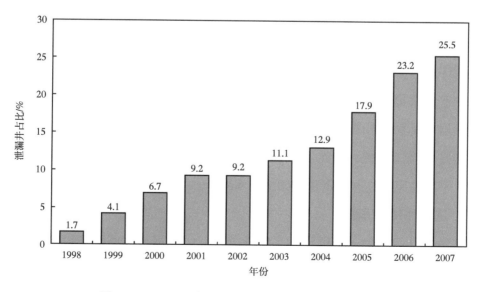

图 5-1　SINTEF 对 217 口 CO_2 驱注采井泄漏情况统计

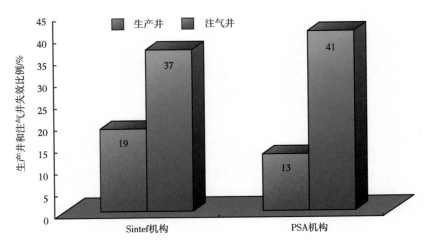

图 5-2　生产井和注气井失效比例

具体分析 CO_2 驱注采井井筒泄漏的影响因素，定义了 CO_2 驱注采井完整性屏障来预防地层流体无控制地由生产管柱喷至地面，同时控制地层流体向环空以及向上一地层泄漏，确保 CO_2 驱注采井安全。

一、注采井井筒完整性屏障

1. 井筒完整性屏障描述

根据 CO_2 驱注采井现状，注采井完整性屏障可以分为一级完整性屏障和二级完整性屏障。生产套管成为 CO_2 驱注采井完整性的第一道屏障，技术套管和水泥环成为 CO_2 驱注采井完整性的第二道屏障。注气井一级完整性屏障包括 PHL 生产封隔器和完井管柱；二级完整性屏障包括套管、固井水泥环。注气井完整性屏障示意图如图 5-3 所示。采油井井下没有封隔器，采油管柱与套管均直接与井下流体接触，因此，一级完整性屏障由完井管柱、套管、固井水泥环组成，采出井完整性屏障示意图如图 5-4 所示。

2. 注气井井口屏障

注气井井口分为一级屏障和二级屏障，其中套管大四通两侧套管阀门及采油树主阀门形成注气井井口一级屏障，一级屏障以外包含安全阀等其他阀门形成注气井井口二级屏障（图 5-5）。

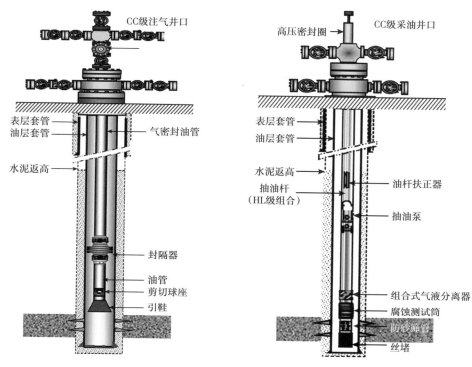

图 5-3 注气井完整性屏障示意图   图 5-4 采出井完整性屏障示意图

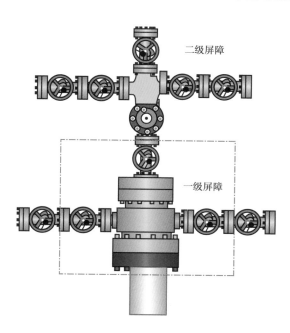

图 5-5 注气井井口完整性屏障示意图

采油井井口套管大四通两侧套管阀门及高压密封盒形成采油井井口一级屏障（图 5-6）。

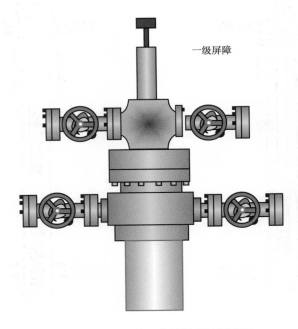

一级屏障

图 5-6　采油井井口完整性屏障示意图

二、二氧化碳驱注采井井筒完整性影响因素分析

1. 漏失因素分析

CO_2 相态（液态、气态及超临界态）变化复杂，易腐蚀，造成井筒密封失效泄漏，形成窜流通道，破坏井筒完整性，致使环空带压。因此，根据 CO_2 驱注采井井身结构的特点，从认识风险、预防风险、控制风险三个环节，针对井口、井筒、套外水泥环三个单元，确定注采井井筒安全风险。

注采井口装置泄漏途径如图 5-7 所示。

（1）井口装置漏失包括套管挂、油管挂以及阀门处漏失等。

（2）注采完井管柱泄漏途径如图 5-8 所示，完井管柱完整性失效包括油管挂密封，油管腐蚀穿孔，油管螺纹、封隔器泄漏等，导致完整管柱完整性失效，环空压力升高。

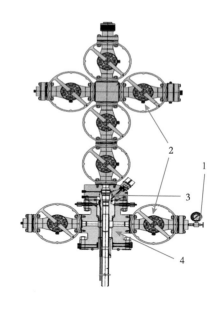

图 5-7　注采井口装置泄漏途径

1—压力表螺纹泄漏；2—井口装置阀门受到腐蚀或冲蚀泄漏；3—油管挂密封失效，向油套环空泄漏；4—套管挂密封失效，向外层环空泄漏

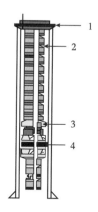

图 5-8　注采完井管柱泄漏途径

1—油管挂密封；2—油管和接头；3—锚定密封总成；4—生产封隔器密封

（3）A 环空和 B 环空连通，套管螺纹漏失，套管鞋处泄漏，固井质量不好，出现窜槽等。A 环空泄漏途径如图 5-9 所示，B 环空泄漏途径如图 5-10 所示。气举生产井一般靠着生产套管承受压力，外面套管一般并不承受压力，完井管柱还是作为 CO_2 驱注采井完整性的最主要屏障，如果 A 环空出现带压情况，有可能引起 B 环空也出现带压情况。

（4）套管与地层之间连通，套管螺纹或者是水泥环胶结固井质量达不到要求，可能引起地层流体窜入地层或者沿着地层上窜至地面。

1）注气井现存在的主要失效因素及影响

（1）生产封隔器泄漏。

封隔器的受力分析见表 5-1。通过对封隔器受力计算可知，封隔器在整个坐封过程中，受力没有超过封隔器解封力，从计算结果同样可知，封隔器在生产过程也不会解封。

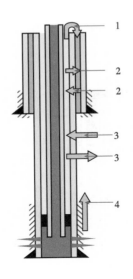

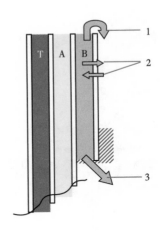

图 5-9　A 环空泄漏途径

1—套管挂密封：向 B 环空泄漏；2—套管泄漏：接头或者本体泄漏，导致 A、B 环空相互连通，泄漏方向两者均有可能；3—套管泄漏：接头或者本体泄漏，导致地层/油气藏连通，泄漏方向两者均有可能；4—水泥胶结失效导致油气层和其他地层连通

图 5-10　B 环空泄漏途径

1—套管挂密封失效；2—套管泄漏：接头或者本体泄漏；3—套管鞋处失效：向地层漏失或从地层泄漏到 B 环空

表 5-1　封隔器受力分析

工况	油管压力 /MPa	环空压力 /MPa	井口轴力 /tf	封隔器受轴力 /tf
坐封过程	28	0	259.911	2.1488
验封过程	0	7	191.34	0.552
剪切球座	36	0	274.703	3.085

（2）P110 油管腐蚀失效和 BGT 螺纹泄漏。目前注气井采用的是气液交替注入的方式，注气井油管采用的是 P110 油管，目前对注气管柱内壁并没有进行防腐措施，管柱内壁腐蚀情况并不清楚，需要对注气井油管腐蚀情况进行检测，确定注气管柱的具体腐蚀情况。

油管连接主要采用的是气密封 BGT 扣，但在注入井长期生产状态下不排除螺纹老化、致使油管螺纹泄漏问题。

（3）套管螺纹泄漏，套管腐蚀，CO_2 气体窜至地表。黑 59 区块和黑 79 区块注气井都是以前老注水井转化而来，套管螺纹采用的是长圆扣型，气密封能力有限，加之以前注水，存在一定的腐蚀等因素的影响，不可避免地存在一定泄漏。注气井采用两开井身结构，表层套管下深 150m 左右，生产套管下至目的层，水泥返高在 1400~1900m 之间。目前注气井环空带压情况严重，所有注气井环空压力与油压几乎相等，老井生产套管采用的普通长圆扣，同时存在长距离自由套管段，很难保证套管外环空不带压。如果注入的 CO_2 泄漏至套管外环空，将会对套管产生严重的腐蚀，加之套管材质（N80、J55、P110）抗 CO_2 腐蚀能力非常有限，会在短期内引起套管失效，这将直接威胁到整个注气井的安全性，如果 CO_2 窜漏至地表，将会对环境造成影响，不可小视。

2）采油井现在存在的主要失效因素及影响

采油井和注气井的井筒状况几乎一样，完井管柱没有安装封隔器，在生产期间采用在环空加注缓蚀剂的方式抑制油套管腐蚀，但是目前很多采油井在环空中形成气顶，环空压力相对较高，生产套管面临着与注气井生产套管同样的问题，同样会引起套管螺纹泄漏、腐蚀、井筒失效，泄漏的气体窜至地表给人及环境造成影响。

2. 井筒完整性分析指标

1）注气井井筒完整性评价指标

为方便完整性评价，可以把气井大体上分为井口、管柱以及井筒 3 大评价单元。井口单元包括采气树和井口密封（油管头、套管头）；管柱单元包括油管、封隔器；井筒单元包括套管、固井水泥。因此，把气井划分为 3 大单元、7 大评价要素，这也与挪威石油工业协会 117 标准——《油气井完整性推荐做法指南》中关于井屏障组件规定一致。117 标准规定井屏障组件：采气树、油管挂和密封、井下安全阀、油管柱、套管柱及封隔器等。

此外，参照 117 标准的规定，井屏障的结构也是非常重要的一项评价内容，即在第一级井屏障失效后，是否有性能可靠的井屏障组件能够代替失效的井屏障组件，以确保气井具有两级井屏障结构。

（1）井口。

井口装置是阻止井下气体泄漏至地表的最后一道防线。国内外还未有行之有效的单独针对运行过程中的采气井口的评价方法，多注重前期设计、后期保养维护与更换等。采气树的评价指标是整体无泄漏、密封有效，各闸阀开关功能有效、压力等级别满足要求。井口密封的评价指标是密封有效，压力等级别满足要求。

（2）管柱。

管柱评价主要包括油管柱和井下工具。

油管柱的评价是气井完整性评价的关键，评价参数主要有腐蚀速率、密封性能和强度。油管柱的腐蚀速率要求实验室、现场试验与理论计算相结合，使管柱的腐蚀速率满足 0.076mm/a。密封性能需要通过泄漏速率评判。油管柱的泄漏速率应参照 API RP 14B《井下安全阀系统的设计、安装、修理和操作》中关于泄漏速率的规定，气体的泄漏速率为 $0.42m^3/min$，液体的泄漏速率为 0.4L/min。油管柱的强度需要在设计时进行管柱力学校正，强度满足中国石油天然气股份有限公司油堪［2009］44 号文件和 AQ 2012—2007《石油天然气安全规程》的规定。此外，管柱单元的密封性都可依据环空压力间接判断。

（3）井筒。

井筒评价主要是评价套管柱和固井水泥环。

套管柱的评价参数主要为强度和密封性能。套管柱的强度包括设计强度和剩余强度。设计强度应参照 AQ 2012—2007《石油天然气安全规程》规定，抗挤设计安全系数为 1.0~1.125，抗内压安全系数为 1.05~1.25，抗拉安全系数为 1.8以上，含硫天然气井应取高限。对于剩余强度，目前无统一规范，有研究将套管的剩余厚度比 μ（原始厚度与剩余壁厚的比值）为标准，将套管壁厚减薄风险分为 5 级。套管柱的密封性能与油管柱的相似,可以通过泄漏速率和环空压力评判。

固井水泥环的评价参数主要为胶结与封固性能。胶结包括胶结质量与胶结界面状态。有研究将声幅比率 k(实际声幅测井值与自由套管声幅测井值)为标准,将水泥环胶结质量风险分为 5 级。可计算固井水泥环的渗透率(斯伦贝谢),但方法烦琐,仅处于理论研究阶段。对于固井水泥环的胶结界面状态可依照成像测井进行评判。

大情字井 CO_2 驱试验区注气井井筒完整性评价主要方法及指标见表 5-2。

表 5-2 大情字井 CO_2 驱试验区注气井井筒完整性评价指标

评价单元	评价内容	评价方法	评价指标
井口	采气树	泵车连接井口,用清水试压;手动开关阀门	35MPa 压力下 30min 不刺不漏为合格,各闸阀开关功能有效
	井口安全阀	操作安全阀控制系统开、关安全阀,评价其是否处于正常工作状态	当安全阀关闭时,控制系统压力显示为 0;开启时,压力在 10MPa 以上为合格。如低于 10MPa,及时对液压系统补压
管柱	油管挂	油套环空打压并观察井口油压变化	井口油压无变化为合格
	油管	气密封检测	打压 40MPa,稳压 15~20s 压力不降为合格
	封隔器	验封	环空打压验封 7MPa,稳压 15min 压力不降为合格
井筒	套管头	井内下入桥塞,井口清水试压	35MPa 压力下 30min 不刺不漏为合格
	套管	新井气密封检测、老井套管检测	新井检测合格,老井套变或落物鱼顶位置在水泥返高之下 200m,套变位置以上井筒无漏、无穿孔、井况良好,修井前注水正常,套管壁厚磨损小于 30% 为合格
	固井水泥环	八扇区测井	水泥环无微裂缝,且油层以上水泥胶结好且分布连续的段大于 150m
	环空保护液	取样,检测残余浓度	液面高度与井口距离低于 50m,残余浓度小于 1000mg/L 防腐标准

2)采出井井筒完整性评价指标

CO_2 驱采出井对井筒完整性要求不高,评价采出井井筒完整性以评价防腐性能为主,其主要评价方法及指标见表 5-3。

表 5-3　采出井井筒完整性评价指标

评价单元	评价内容	评价方法	评价指标
井口	采气树	井口防腐性能检测，手动开关阀门	利用超声波探针技术检测，腐蚀速率小于 0.076mm/a
管柱	油管	检测井下腐蚀测试环及腐蚀测试筒腐蚀速率	腐蚀速率小于 0.076mm/a
	抽油泵		
	气液分离器		

三、二氧化碳驱注采井井筒完整性风险评价及管控

1. 转注气老井井况检测

针对水驱老井转 CO_2 驱的现状，需要对固井质量、油套管气密封、腐蚀等状况进行评价，因此，系统集成固井质量检测技术、井下套管状况监测技术、气密封检测技术形成井筒完整性检测技术与方法。井筒完整性检测技术与方法一览表见表 5-4。

表 5-4　井筒完整性检测技术与方法一览表

序号	技术	工艺方法	备注
1	固井质量检测技术	声幅/变密度测井、八扇区水泥胶结测井	
2	井下套管状况监测技术	多臂井径仪 + 电磁探伤	
3	气密封检测技术	氦气检测	

1）固井质量检测

（1）检测原理及方法。

用普通声幅测井与八扇区测井数据进行对比，八扇区测井能更准确地反映水泥胶结情况，并确定了评价标准。

扇区水泥胶结测井（SBT）是最近几年固井质量检测和管外窜槽检测的最有效和最新的技术。SBT 测井仪采用了前后排列相连的 2 个压电陶瓷晶体作为全方位发射器，用于 3ft 声幅和 5ft 变密度的声波发射。发射器的中心频率为 25kHz，当发射器受高压脉冲激励时，便会向四周发射一定能量的声波，其有用成分为套管波、水泥波、地层波和钻井液波。在每个界面，声波能量由第 1 介

质折射到第 2 介质后，又有一部分能量从第 2 介质反射到第 1 介质中去，通常最先到达的为套管波，其次是水泥波，最后是地层波和钻井液波。

3ft 声幅接收探头探测的是套管波，其幅度主要取决于套管外的介质，该介质主要是井液或水泥。当套管外为水泥时声幅能量衰减最大，套管外为井液时能量衰减最小。因此，利用接收探头探测到的声幅值对比自由套管声幅刻度值，就可以判断套管外水泥胶结质量的好坏。

（2）八扇区解释评价方法。

"水泥返高"即管外无水泥，确定时应选在声幅曲线由最高幅度向低幅度变化的半幅点深度处。声幅曲线的解释是以其相对幅度的大小来判断，设自由套管处即套管外无水泥处声幅值为 A，目的层井段声幅值为 X，相对幅度 $=X/A \times 100\%$。相对幅度越大，说明固井质量越差，相对幅度越小，说明固井质量越好。水泥胶结分为良好、中等、差三个质量段，相对幅度小于 15% 的为胶结良好；相对幅度介于 15%~30% 的为胶结中等；相对幅度大于 30% 的为胶结差。

①套管与水泥、水泥与地层胶结都好（即第一、二胶结面都好）。

在套管与水泥胶结良好，并且水泥与地层胶结也良好的情况下，声能将会极有效地由套管传到水泥环再传到地层，其特征是：声幅曲线（CBL）幅度低，随深度有所变化。变密度（VDL）记录的套管波弱，为灰白条相间条带，有时甚至缺失；而地层波较强，呈现清晰的黑白相间的波状条带。

②快速地层胶结。

水泥与套管、地层胶结均好，只是地层波传播速度快，其特征为：声幅曲线（CBL）幅度较高，这是由管外的岩性致密引起的。变密度（VDL）显示为明显的波纹条带状的地层波，缺少套管波。

③套管与水泥胶结良好，而水泥与地层胶结不好（即第一界面胶结好，第二界面胶结差）。

测井曲线表现为：声幅曲线（CBL）幅度低，变密度（VDL）记录的套管波微弱或缺失；记录的地层波极弱或根本没有，最右边出现直条带的钻井液直达波。

④微环胶结。

水泥和地层胶结良好，套管和水泥之间存在微小空隙，但能封住液体运移，只有气体能通过。测井曲线表现为：声幅曲线的幅度较高（相当于胶结中等），变密度显示出套管波，同时地层波也较明显。

⑤局部胶结。

套管、水泥、地层相互之间只有一部分胶结，而一部分没有胶结，在实际测井中常常遇到。测井曲线表现为：声幅曲线（CBL）幅度略低于自由套管幅度值，即幅度值较高，且不稳定。变密度（VDL）显示的套管波比自由套管时显示的弱，能显示出一些地层波信息。

⑥套管与水泥胶结不好，水泥与地层胶结好（即第一胶结面胶结差，第二胶结面胶结好）。

此种情况目前在测井资料上还很难解释分析清楚，因第一胶结面不好，大部分声能留在套管中直接传到接收器，透射到地层的很少，这就给测井资料认识带来困难。实际中因为套管与水泥胶结不好，就已直接造成上下段窜通。测井曲线表现为：声幅曲线（CBL）幅度为高值。变密度（VDL）出现明显的套管波，而地层波呈现出较难辨认的现象。

（3）检测评价指标的确定。

按照吉林油田转注 CO_2 驱注采老井情况，确定了老井固井质量评价指标：固井质量合格，连续优质胶结段长度不少于 25m。固井质量差不符合转注气要求如图 5-11 所示。

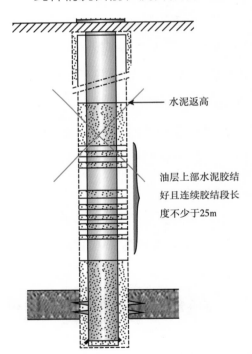

水泥返高

油层上部水泥胶结好且连续胶结段长度不少于25m

图 5-11　固井质量差不符合转注气要求

2）井下套管状况检测

（1）检测原理及方法。

为更准确地监测套变、腐蚀和结垢状况，引进了四十臂测井仪和电磁探伤的测井方法，定量地分析套管状况。套管测井方法示意图如图 5-12 所示，四十臂测井如图 5-13 所示。

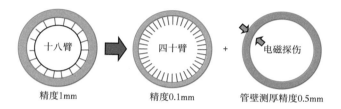

图 5-12　套管测井方法示意图

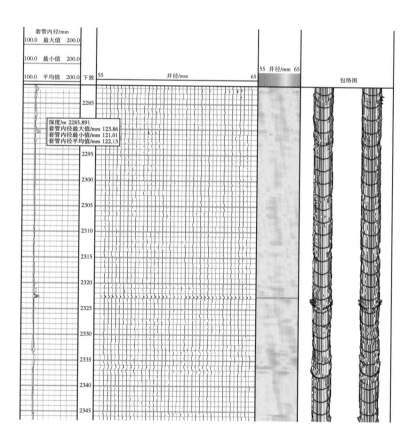

图 5-13　四十臂测井

该仪器配备的测量臂为耐酸蚀的铍铜合金，在测量臂的端部进行了炭化钨处理，从而增加其耐磨性，保证测量精度。仪器通过马达供电，在测量中，一旦管柱内径发生变化，测量臂通过铰链将内径变化量传递到激励臂上，激励臂的移动切割外面的线圈，从而产生随管柱内径变化的感生电动势（测量时，仪器还配置有温度传感器，实时实现感生电动势受温度影响）。通过刻度，将测量到的感生电动势转化为测量半径，从而实现井径的测量。同时，仪器还记录井斜及仪器高端的方位等曲线。

多臂成像测井仪（MIT）测得40条沿油管内壁均匀分布的半径曲线FING01—FING40，可直接反映油套管内壁变化情况，故可用于油管内壁检测和进行腐蚀判断。将测得的40个不同的井径值标定为不同的颜色，创建3D成像图，可以直观地显示出油、套管内壁情况。

（2）检测评价指标的确定。

根据转注CO_2驱注采老井情况，需要满足套损/变或落物鱼顶位置在水泥返高之下100m，套变位置以上井筒无漏、无穿孔、井况良好。套变或落物不符合转注气要求如图5-14所示。

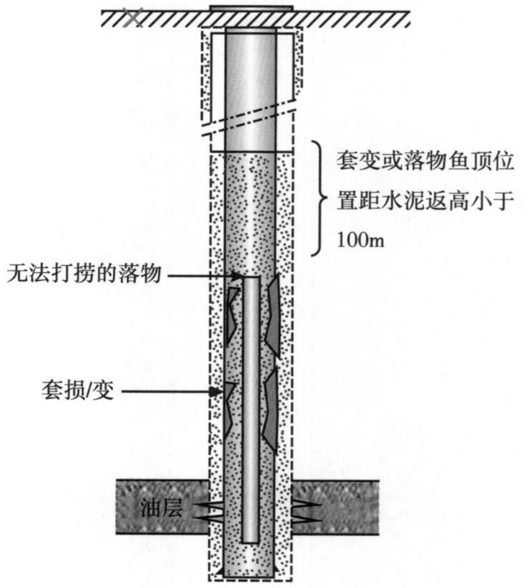

图5-14 套变或落物不符合转注气要求

2. 二氧化碳驱注采井井筒泄漏分析模板和风险评价流程

针对目前水驱老井转CO_2驱现状，在CO_2驱过程中，井筒泄漏是制约注采井井筒安全的重要因素，准确识别井筒泄漏状况，才能有效地制定控制措施。因此，建立了井筒泄漏分析模板和风险评价流程，规范井筒泄漏评价，确保获得准确的评价结果。

1）注采井筒泄漏分析模板

通过 CO_2 驱注采井井筒完整性影响因素分析，可以知道保障注采井井下管柱完整性，控制 A 环空带压，能有效保持注采井井筒的完整性。因此，按照注采井的完井工艺，制定了注气井井下管柱完整性失效模板和采油井井下管柱完整性失效模板（图 5-15）。

（a）注气井井下管柱完整性失效　　　　（b）采油井井下管柱完整性失效

图 5-15　注采井筒完整性失效模板

注气井井下管柱完整性失效模板主要考虑井口气密封性、油管挂气密封性、油管及其螺纹的气密封性、变扣短节的气密封性、封隔器的气密封性、井下压力及腐蚀测试工具气密封性。

采油井井下管柱完整性失效模板主要考虑井口气密封性、井口密封盒气密封性、油管挂气密封性、油管及其螺纹、气举阀的气密封性、泵上配套工具、抽油泵。

2）注采井井筒风险评价管控流程

井筒风险评价主要从注采工程设计、注采井井筒技术状况、注采井生产情况等三个方面来进行。注气井主要针对环空带压情况进行分析，采油井主要是 CO_2 突破后视为注气井进行风险评价分析。

井筒风险评价包括井筒安全屏障分析、井口压力变化分析、油管密封及漏点检测、流体组分分析等风险分析方法，进行压力来源、能量大小的判断，划分风险等级，再根据风险级别制定不同的控制措施，从而保障注采井井筒完整性（图 5-16）。

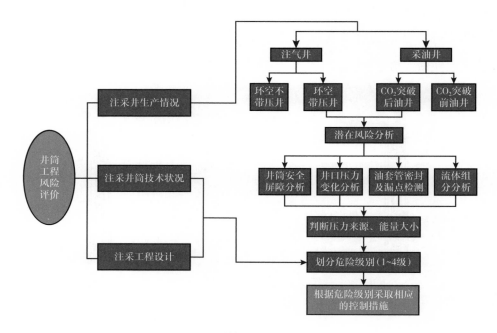

图 5-16　井筒风险评价流程图

3. 二氧化碳驱注采井井筒腐蚀管控

对 CO_2 注采井实施动态、连续的完整性管理，提高油田设施的安全管理水平、及时发现井筒风险，消除泄漏、穿孔等事故，保证油田的安全生产，促进腐蚀管理的全面化和规范化，努力降低油田设施的腐蚀失效风险，采用药剂防腐、材料防腐技术，配套药剂加注、腐蚀监/检测技术和腐蚀评估手段，根据评估结果，采取优化防腐手段及防腐工艺等措施不断提高腐蚀控制的及时性与有效性，保证油田设施安全平稳运行。

1）化学法—缓蚀剂

合理使用缓蚀剂是防止和减缓金属及其合金在特定腐蚀环境中产生腐蚀的有效手段，不需要改变原有设备和工艺过程，只是向腐蚀环境添加些无机、有机化学物质就可阻止或减缓金属材料的腐蚀。为提高缓蚀剂的缓蚀效果，在采用缓蚀剂的同时，应考虑联合使用其他减缓腐蚀的措施如清管、脱水等，保障井筒管柱完整性。

2）内防腐层

表面处理与涂层技术是从金属材料与腐蚀介质的界面处着手，通过涂层将金属本体与腐蚀介质隔离，从而达到防腐蚀的目的。防腐涂层的主要功能是把结构物的活性元素与环境腐蚀介质隔离，必须对基体提供连续可靠的屏障，任何瑕疵都能成为基体腐蚀与破坏的起点。

3）耐蚀合金材料

在一些管柱和容器内腐蚀很严重的部位，采用其他腐蚀控制方法难以实现时，可采用整体耐蚀合金材料，保障井筒管柱完整性。

第二节　CCUS-EOR 项目钻井工程风险管控

一、防二氧化碳腐蚀钻井液风险管控

CO_2 捕集利用与封存（CCUS）是指将 CO_2 从工业过程、能源利用或大气中分离出来，直接加以利用或注入地层以实现 CO_2 永久减排的过程。而在 CCUS 工作区进行钻井施工时，难免会产生 CO_2 侵入井筒的现象，为保障施工安全、减免钻井事故发生，钻井液 CO_2 污染防控技术尤为关键。

CO_2 固、液、气三相点的温度：216.6K，压力：0.52MPa。临界点对应的温度：304.15K、压力：7.38MPa。当温度超过 CO_2 的临界温度和压力超过临界压力时，CO_2 达到超临界状态。临界区域的温度、压力范围在液态、气态和超临界态转变。

1. 二氧化碳对钻井液的影响与机理分析

钻井液受 CO_2 污染后，对钻井液的流变性能及滤失性能破坏很大，最容易导致的两个问题就是井漏和卡钻：

（1）由于受 CO_2 污染的钻井液黏度、切力大幅上升，很容易造成泵压过高，静切力增大从而导致钻井液激动压力上升，将地层憋漏。如果发生井漏，不仅

耽误钻井工期，同时会造成钻井液损失，对油气储层造成伤害，干扰地质录井工作，还可能会导致卡钻、井塌、井喷等各种井下复杂情况和安全事故，甚至井眼报废，造成巨大的经济损失。

（2）钻井作业中发生最多的卡钻是压差卡钻，又叫作滤饼黏附卡钻。此类卡钻的发生和钻井液的流变性能有着密切的关系。CO_2污染后，钻井液黏度切力高，滤饼虚厚，非常容易导致卡钻。一旦油气井发生卡钻，则必须停钻进行处理，不仅耽误工期，增加钻井施工成本，严重时甚至会导致井的报废。当钻井液受到CO_2污染，导致黏切过高，必须及时处理。而通常情况下，被严重污染的钻井液目前还没有快速有效的处理方式，常常通过替换污染浆的办法来处理，而这也给钻井作业造成巨大的损失，同时废弃的受污染钻井液也会带来巨大的环保压力。

例如新北 ××-× 井浆受 CO_2 污染后，由于性能急剧恶化，分别排放了全井井浆的一半，并经过两次大型处理才基本维持正常钻进；吉 ×××-× 井因相同原因排放了全井总量 2/3 的钻井液；受严重 CO_2 污染的乾 ××× 井钻井液性能被彻底破坏，因未及时采用抗 CO_2 污染的处理措施，超过 $600m^3$ 的井浆被排放掉。

由于地质状况和钻井液体系应用的差别，国外在这方面研究很少，国内目前研究虽然取得了一定的成果，但是现有研究成果无法满足防止钻井液受侵的要求，研究成果的深入性和系统性也较为缺乏。

2.CCUS 钻井液二氧化碳污染的应对技术

要处理受污染钻井液中的 HCO_3^- / CO_3^{2-}，首先是通过化学反应将其除去，其本质就是通过 Ca^{2+} 与 CO_3^{2-} 反应生成沉淀，将 CO_3^{2-} 除去。其中，HCO_3^- 不能被直接去除，可以使 HCO_3^- 和 OH^- 反应生成 CO_3^{2-} 后才可能将其除去。然后是恢复钻井液的流变性能。常见的处理方式：

（1）通常 Ca^{2+} 可通过 CaO、$Ca(OH)_2$、$CaSO_4$、$CaCl_2$ 提供，而 $CaSO_4$、$CaCl_2$ 对钻井液性能影响较大。但是对深井而言，由于井温高，钻井液密度大，使用 CaO、$Ca(OH)_2$ 等处理剂对钻井液性能有较大的影响，使得处理工作比较复杂，须谨慎处理。

（2）超细水泥（主要成分为 $CaO \cdot SiO_2 \cdot Al_2O_3$）中的 CaO 可以与钻井液中 HCO_3^-/CO_3^{2-} 反应生成 $CaCO_3$ 沉淀，其特点在于：

①超细水泥小颗粒分散在钻井液中，可以在易垮塌地层中的微裂缝和较大的孔隙之间起到填充架桥的作用。

②由于超细水泥中含有 $SiO_2 \cdot Al_2O_3$，随 pH 值的降低，可以在弱碱性环境下形成凝胶、不溶性碳酸盐和硅酸盐沉淀，嵌于地层孔隙和微裂缝中，对泥页岩孔隙和微裂缝起到封堵作用，同时将黏土等矿物颗粒结合成牢固的整体。此外水泥浆在高温高压的作用下产生固化，既阻止钻井液滤液进一步侵入地层，又阻止地层中的 CO_2 流体进入钻井液。

（3）拓展固相容量，钻井液在高温下黏土抗温性能和流变性能保持良好，所允许的最低和最高容量（下限、上限）是特定钻井液体系的一种固有性质。钻井液中黏土含量高于其容量上限，则会出现高温增黏、胶凝，甚至固化；而黏土含量小于其容量下限，则会出现高温降黏、减稠等现象。对钻井液而言，黏土的固相容量上限是非常重要的，温度、密度越高，固相容量上限就越低，黏土在高温下分散越强；而水相抑制性越强，固相容量上限就越高。如果固相容量上限越高，高温下处理剂抑制黏土水化分散的能力及降黏作用就越强；上限越高，钻井液的容量限就越宽，钻井液的流变性就越容易控制，可通过 K^+、Ca^{2+} 等离子的协同抑制作用或通过其他有机盐类来提高钻井液的水化抑制能力，提高钻井液体系的固相容量限。

3. 二氧化碳污染处理实验

对 HCO_3^- 和 CO_3^{2-} 的处理可采用化学沉淀法。化学反应方程式为：

$$Ca^{2+} + HCO_3^- \Longrightarrow CaCO_3 \downarrow + H^+$$
$$Ca^{2+} + CO_3^{2-} \Longrightarrow CaCO_3 \downarrow$$

能够提供 Ca^{2+} 的常用处理剂有：CaO、$CaCl_2$、$Ca(OH)_2$、$CaSO_4 \cdot 2H_2O$（石膏）。而 $CaCl_2$ 和 $CaSO_4 \cdot 2H_2O$ 对钻井液性能影响较大，故一般采取加入定量 CaO 或

$Ca（OH）_2$ 的方法来预防 CO_2、HCO_3^- 和 CO_3^{2-} 污染的钻井液。

二、防二氧化碳腐蚀固完井技术

油井水泥环的主要作用是支撑和悬挂套管、保护井壁、封堵地层流体，防止层间窜流，并提供一定的碱性环境，以防止套管的腐蚀。因此，要求硬化后的水泥环抗压强度高、渗透率低、耐久性好。CO_2 作为石油和天然气的伴生气或地层水的组分，存在于油气层或地层水中，在适宜的湿度及压力环境条件下会对油井水泥产生腐蚀作用。

1. 防二氧化碳腐蚀水泥浆设计思路

1）人工干涉热力学反应

因为吉布斯自由能（ΔG_T^0）越低，腐蚀反应进行得越剧烈，其反应物越容易被腐蚀；可以尝试通过添加化学合成剂的方式，减少低 ΔG_T^0 的水化产物的含量，增加高 ΔG_T^0 的水化产物的含量，以求提高水泥石的抗腐蚀性。硅酸盐水泥浆体系的本身性质决定了它不可能不受到酸性介质的腐蚀，可以在水泥浆体系中加入微硅等硅类外掺剂，降低水泥石的钙硅比，降低水泥石碱性。

2）改善水泥石微观结构

孔隙结构是水泥石微观结构的重要组成之一。水泥石的腐蚀与它本身的孔隙结构和孔隙度有着密切的关系。孔隙结构决定了水泥石的渗透率大小，进一步决定了腐蚀介质向水泥石内部侵入的速率。改善水泥石的微观结构可以从降低孔隙度和渗透率入手。一般可以采取以下措施：

（1）采用紧密堆积理论优化水泥与填充材料之间的粒度分布，以求水泥石得到更好的孔隙分布，减小孔隙度，降低渗透率。

（2）加深水泥水化程度。黄柏宗研究认为：相同水灰比的情况下，随着水泥水化进程的加深，总孔隙度减小，毛细孔隙度减小，凝胶孔隙度增大。可以通过两个途径加深水泥水化程度：采用粒径更小的水泥作为原料，水泥水化过程更充分；在保证水泥浆性能要求和安全施工的前提下，适当降低水灰比，可以提高水泥浆密度，改善水泥水化后的微观结构，降低初始孔隙度和渗透率。

（3）研发新型防腐剂。研发一种水溶性聚合物，在水泥石水化过程中，充填于水泥石孔隙内部，形成膜状结构。此物质要有很好的致密性、不溶于水、耐高温、耐酸性腐蚀。这种致密膜状物质可以把水泥石表层很好地保护起来，封隔酸性介质，阻止酸性介质向水泥石内部渗透，有效提高水泥石的防腐蚀能力。

（4）研发新型防腐水泥浆体系。开发一种新型的水泥浆体系也是防腐的一个很好的方法。例如，Halliburton 研究了一种抗 CO_2 腐蚀水泥浆体系，其主要用料并不是硅酸盐水泥材料，而是一种特殊的磷酸钙水泥，其中不含氢氧化钙和水化硅酸钙，从根本上消除了被 CO_2 腐蚀的介质，具有良好的抗 CO_2 腐蚀性能。该体系适用于 60~370℃，但是不适用于传统的外加剂，需研发配套外加剂。这种体系实用条件限制较多，需要研发一整套的外加剂，其成本远高于常规硅酸盐水泥浆体系。虽然这种新型的水泥浆体系具有很好的防腐效果，但面临的成本高等问题也不可忽视。

2. 固井抗二氧化碳腐蚀基础材料的优选

对于抗 CO_2 腐蚀材料来说，筛选性能优良的抗腐蚀外掺料至为关键。在 95℃ 条件下，通过评价不同材料的长期（0~360d）抗 CO_2 腐蚀性能（包括水泥石的抗压强度、渗透率、孔隙结构参数和碳化程度等），选择抗 CO_2 腐蚀性能优异的相关材料和油井水泥外加剂作为抗 CO_2 腐蚀多功能水泥浆体系的基础组成。将所选定的各种材料及外加剂复配，制备多功能抗 CO_2 腐蚀水泥浆体系，并考察其抗 CO_2 腐蚀特性和水泥浆综合工程性能。

3. 保障井筒密封完整性技术

1）保障管柱完整性措施

（1）加强对套管螺纹密封面的保护。管柱接头的密封性能是通过密封面来保证的，因此应在套管运输、装卸、丈量和清洗等操作过程中保护好套管密封面。

（2）认真清洗套管螺纹，按要求涂抹合格的套管螺纹油。

（3）使用扭矩控制的液压套管钳进行作业，准确读取最大扭矩值/旋转圈数/时间。

（4）使用套管生产厂家推荐的上扣扭矩与上扣方法连接好每根套管。由于特殊螺纹接头具有扭矩台肩的结构，在上扣的过程中必须要出现拐点，确保上扣到位，而且拐点和最终扭矩大小要在厂家规定的范围之内。

（5）套管螺纹气密封检测。由于现场检测手段有限，对送井套管的检验仅限于套管钢级、壁厚、内径、外径、通径、长度及外观明显损伤等，对一些隐蔽性的套管螺纹损伤情况不能进行有效判别。为了避免将达不到密封性要求的套管下入井内，推荐在下套管过程中，对套管螺纹进行气密封性检测，确保整个生产套管柱的完整性。

2）保障水泥环完整性技术措施

（1）提高地层承压能力。

合理选配不同粒径的桥塞粒子，以及不同尺寸的片状、纤维状堵漏材料，在漏失地层全井段注入堵漏浆后井口憋压，使级配粒子封堵砂岩孔隙或进入裂缝形成桥塞，再用外滤饼加以保护即可以达到堵漏堵水的目的。

试验表明，不同堵漏材料，桥塞后的承压能力明显不同。复合型的堵漏材料，由于纤维和颗粒同时存在，颗粒形状多种多样，粒度范围较宽，因而封堵效果较好。

（2）低密度水泥浆技术。

低密度水泥浆主要用于存在低漏失压力地层时的固井，常作为领浆封固上部地层。通过在水泥灰中加入减轻剂和填充剂，优化水灰比开发而成。普遍应用的减轻剂和填充剂有漂珠、微硅、膨润土、粉煤灰、惰性气体等。多压力体系共存时，低密度水泥浆密度设计不仅需满足易漏层防漏，还需兼顾高压层的压稳防窜。

（3）水泥浆体系优选与优化设计。

优质材料体系与合理施工工艺措施对保证注水泥质量具有同等重要作用。在确定适用水泥浆体系过程中，主要采取以下步骤：根据地层特性，提出相应水泥浆设计准则；实测井温分布及钻井液入口、出口循环温度，并根据季节温差、套管尺寸、施工排量修正 API 规范稠化模拟方案（循环温度、升温速率）；选择多种水泥浆体系进行施工效果检验，用测井结果、工况适应性、试采与增产效果、成本计算进行综合评价；优选适应能力强、可靠性高、综合成本低的体系为主体系；确定满足注水泥工艺要求的领浆、尾浆性能设计要求。

（4）平衡压力固井设计技术。

平衡压力固井意即注水泥过程中不发生漏失，水泥浆候凝过程中不发生窜流，需要从动态和静态两个方面进行设计：

① 动态平衡压力固井设计。

动态平衡压力固井技术的核心是"高效顶替、整体压力平衡"，就是在保证高效顶替和尽量减少对储层伤害的前提下，使整个注、替水泥浆过程中，井下不同深度固井流体所形成的环空总液柱压力小于相应深度地层的破裂压力。而且当水泥浆被顶替到设计的环空井段后，在水泥浆凝固阶段，仍能保持环空液柱压力大于地层压力，防止地层油、气、水的互窜。平衡压力固井技术通过有效的压差控制技术和固井流体设计，在提高顶替效率的同时，防止固井中漏失和气窜的发生，获得理想的固井质量，从而实现对产层的最好保护。

动态平衡压力固井的关键是合理设计施工压力、固井液密度、施工排量以及环空浆体结构性能。环空压力设计根据该井在钻井施工、地层漏失时和发生油气侵时钻井液的密度，结合漏失层井深位置和油气侵位置以及固井质量要求水泥浆返高，合理设计环空液柱当量密度。固井液密度设计要求水泥浆不仅要满足性能的要求，还要达到平衡压力固井的要求，在顶替过程中固井液之间还需要保持一定的密度差，因此，需要多方面考虑进行固井液密度设计。施工排量设计要求固井液排量设计基于流体的流变性，保证在固井施工过程中的压力平衡，同时还应达到对钻井液的有效驱替。在窄密度窗口固井中使用较多的是紊流—塞流变排量的复合顶替技术。采用紊流顶替有利于提高顶替效率，保证固井质量；塞流顶替环空摩阻非常小，可减小漏失发生的危险，同时塞流顶替可以保证水泥浆处于流动状态，传递环空液柱压力压稳气层，顶替结束，水泥浆可以迅速胶凝，防止环空气窜的发生。

②静态平衡压力固井设计。

实验证明水泥浆有效压力降至静水压力的时间范围在 0.5~0.6 倍初凝时间左右。因此在进行双凝或多凝水泥浆设计时，应根据这一特点保持相邻两段水泥浆初凝时间符合关系：缓凝时间大于 1.67 倍快凝时间。

这样，当快凝水泥浆初凝时，缓凝水泥浆还保持大于静水压力的有效压力，加上快凝水泥内部阻力的快速增长，能有效防止油气水窜。这一设计方法应用于天然气井水泥浆设计中，取得了良好效果。

（5）提高顶替效率设计。

影响水泥环封固质量的首要因素是顶替效率，没有良好的顶替效率，其他任何措施都不会对固井质量起到有效作用。顶替效率是固井施工过程中最难控制的因素，受到井眼条件、套管居中度、水泥浆性能、钻井液性能、浆体结构设计、施工参数、接触时间等多方面因素的影响。提高顶替效率的技术措施主要包括扶正器的安放、活动套管、使用滤饼刷等实用技术，以及利用壁面剪切应力提高顶替效率方面的理论研究。

4. 二氧化碳驱井水泥环完整性评判系统研发

1）二氧化碳驱井水泥环密封完整性影响因素分析及评价指标体系建立

根据文献调研和专家咨询结果，为便于进行 CO_2 驱井水泥环完整性评价，把 CO_2 驱注采井水泥环密封完整性评价分为固井质量、抗温压动态变化能力及环境腐蚀强度三大单元。固井质量单元包括钻井液动切力、水泥浆流动度、水泥浆失水量、环空返速、井径扩大率和套管居中度。抗温压动态变化能力单元包括井筒温度变化、井筒压力变化、水泥石强度、水泥石渗透率和水泥石弹性模量。环境腐蚀强度单元包括腐蚀温度、气体分压、腐蚀时间。

为研究各因素对水泥环完整性的影响规律，以统计分析方法为主，结合资料调研和专家咨询结果，确定不同水泥环完整性风险分级对应的各影响因素合理数值区间。

以吉林油田油水井资料作为样本数据库，统计分析固井质量单元下各指标在不同数值区间下的固井质量合格率、抗温压动态变化能力及环境腐蚀强度单元下各指标在不同数值区间下的环空带压井数比例。水泥环完整性风险划分为 5 个等级，用 0~1 之间的数值表示，分别是较低（0~0.2）、低（0.2~0.4）、中（0.4~0.6）、高（0.6~0.8）、较高（0.8~1.0）。

2）水泥环完整性综合评价

层次分析法是一种定性和定量相结合的决策方法，将与决策有关的元素分解成目标层、准则层、方案层等，构建层次结构模型。本文利用层次分析法对 CO_2 驱井水泥环完整性进行分析。

在 CO_2 驱井水泥环密封完整性影响因素分析的基础上，建立水泥环完整性风险评价层次结构模型。其中，目标层为水泥环完整性风险；准则层为影响水泥环完整性的固井质量、抗温压动态变化能力及环境腐蚀强度单元；方案层为钻井液动切力、井筒温度变化、腐蚀温度等 14 种水泥环完整性影响因素。

第三节　CCUS-EOR 项目注采井生产过程风险监测与管控

在生产过程中，随着 CO_2 驱进行，注气井环空带压出现上升趋势，过高的环空压力将严重影响注采井井筒完整性；同时，CO_2 与水接触存在腐蚀性，影响井筒安全长平稳运行。因此，环空带压井监测/检测、注采井腐蚀监测评价对日常生产管理尤为重要。

一、注采井环空带压监测

1. 最大允许环空带压值计算

1）环空带压值计算模型

当环空的压力和温度发生变化时，管柱和环空状态发生变化达到新热力学平衡。如果这个变化超出了极限，就会使管柱出现裂纹从而形成漏失的通道，同时也会使环空流体发生运移以达到新的平衡。通常环空任意一点的压力都是流体质量、体积和温度的函数，表达式见式（5-1）：

$$p_{ann} = (m, V_{ann}, T)$$ （5-1）

如果环空充满流体（不可压缩的液体或者气液混合物），则环空的压力变化就取决于流体的状态变化。环空压力变化受下列一种或几种因素影响：

（1）由于环空几何形状的变化引起环空容积的变化。

（2）环空有流体侵入或流出。

（3）井筒流体温度变化。

环空体积的变化是由热膨胀、环空内外压力的变化或者油管柱的轴向膨胀导致的。如果环空未密封，则环空压力与（2）（3）无关。

环空压力与环空体积变化的关系见式（5-2）：

$$\Delta p_{ann} \propto \frac{\left(\Delta V_{therm.exp}^{fluid} + \Delta V_{influx/outflux}^{fluid} \right) - \Delta V_{thermal/ballooning}^{ann}}{\Delta V^{ann}}$$ （5-2）

式中　Δ——变化量；

　　　V——环空的体积，m^3；

　　　p——环空的压力，Pa。

式（5-2）的右边表示体积的变化（分母表示环空原始的体积）。从式（5-2）可以看出，某个环空的环空带压值的变化量与环空体积的变化量成正比。环空体积的变化与环空温度和压力的变化有关，还取决于环空水泥环上部未固封井段流体的等温体积弹性模量和等压体积弹性模量。

流体的等温体积弹性模量 B_T 表示当温度保持不变时，单位压力增量引起的流体体积的变化量，可以用式（5-3）表示：

$$B_T = -\frac{\Delta p}{(\Delta V/V)}\bigg|_T$$ （5-3）

因此，可以得

$$\Delta p_{\text{ann}} = -B_{\text{T}} \left. \left(\frac{\Delta V}{V} \right) \right|_{\text{T}} =$$

$$-B_{\text{T}} \frac{\left(\Delta V_{\text{therm.exp}}^{\text{fluid}} + \Delta V_{\text{influx/outflux}}^{\text{fluid}} \right) - \Delta V_{\text{thermal/ballooning}}^{\text{ann}}}{\Delta V^{\text{ann}}} \qquad (5\text{-}4)$$

Oudemann 和 Bacarezza（1995）对式（5-4）进行了简化，得到了环空压力变化的计算模型：

$$\Delta p_{\text{ann}} = \left(\frac{\partial p_{\text{ann}}}{\partial m} \right)_{V_{\text{ann,T}}} \Delta m + \left(\frac{\partial p_{\text{ann}}}{\partial V_{\text{ann}}} \right)_{\text{m,T}} \Delta V_{\text{ann}} + \left(\frac{\partial p_{\text{ann}}}{\partial T} \right)_{\text{m},V_{\text{ann}}} \Delta T \qquad (5\text{-}5)$$

式（5-5）右边第一项表示环空中由于流体的流入和流出造成的环空压力变化，右边第二项表示密闭环空体积变化导致的环空压力变化情况，右边第三项表示温度变化引起的环空压力变化情况。

针对不同环空带压值，可以采取以下方式评价环空带压严重程度：

（1）A 环空带压的风险评价。

假设不考虑温度效应和井下作业所施加的环空套压等因素的影响，此时 A 环空带压仅仅受到流体窜流的影响。A 环空带压的风险评价参照 A 环空带压风险评价流程（图 5-17）。

（2）B 环空带压风险评价。

B 环空带压的风险评价参照 B 环空带压风险评价流程（图 5-18）。

2）最高允许压力确定

允许最大带压值（MAWOP）是针对某一特定环空的最大允许工作压力值，反映环空能够承受的压力级别。环空压力主要包括：温度升高引起的环空压力、持续环空压力和作业施加的压力。

在环空带压评估时，允许最大带压值（MAWOP）取以下三者中的最小值：

（1）待评价环空套管抗内压强度的 50%。

（2）上一层（外面）套管抗挤强度的 80%。

（3）下一层（里面）套管抗挤强度的 75%。

对于表层套管来说，取以下两者中的最小值：

（1）表层套管抗内压强度的 30%。

（2）下一层（技术）套管抗挤强度的 75%。

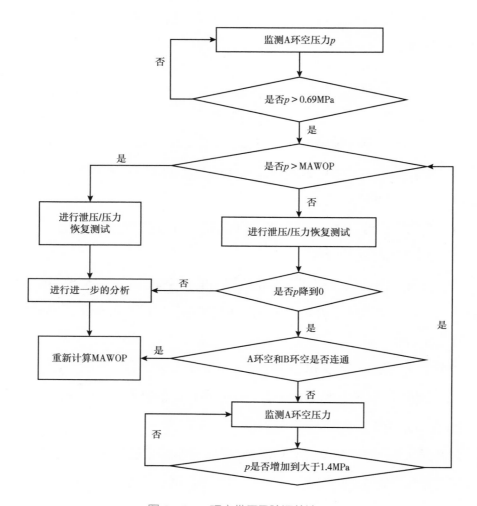

图 5-17　A 环空带压风险评价流程

油管和套管组的最小抗内压强度（MIYP）和最小抗挤毁强度（MCP）可以由美国石油学会（API）公报 5C3 进行计算。当套管、采油管和油管柱包含两种或多种不同重量和等级时，应当选用最小重量和最低钢级来计算最大允许井口操作压力（MAWOP）。

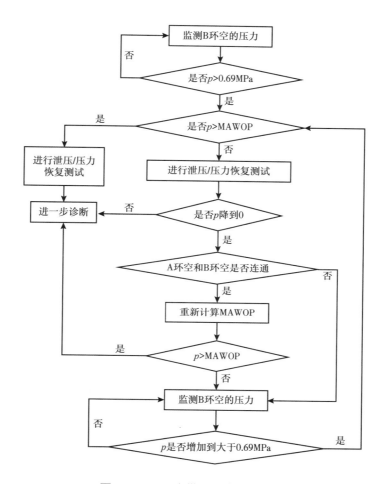

图 5-18　B 环空带压风险评价流程

对于 CO_2 注气井来说，井口允许最大带压值取待评价套管抗内压强度的 50% 是比较合理和保守的方法。对于表层套管来说，其允许最大带压值取值较为保守，一般取其抗内压强度的 30%。

对于单一环空带压情况，可以采用以上方法计算井口允许最大带压值，但是，在某些情况下，可能会出现多个环空同时带压的情况，此时要视情况计算其井口允许最大带压值，例如在某些情况下，A 环空和 B 环空相互连通，这通常是由生产套管或井口密封失效造成的，需要重新计算井口允许最大带压值（MAWOP）。

根据注气井现有管柱结构，计算井口允许最大带压值见表 5-5。

表 5-5　允许最大带压值计算表

油管及环空	规格	抗内压强度 /MPa	抗挤强度 /MPa	50% 抗内压强度 /MPa	80% 抗内压强度 /MPa	30% 抗挤强度 /MPa	75% 抗挤强度 /MPa	最大允许带压值 /MPa	
								内压	外挤
油管	ϕ73 P110	95.6	96.6	不考虑	不考虑	不考虑	72.45	不考虑	不考虑
A 环空	ϕ139.7 N80	53.4	43.3	18.35	29.36	10.17	25.42	18	10
	ϕ139.7 J55	36.7	33.9						
	ϕ139.7 P110	87.1	76.5						
B 环空	ϕ273 H40	15.72	9.58	7.86	12.57	4.71	7.18	7.5	4.5

若 A 环空和 B 环空连通，则选取两环空的 MAWOP 最小值作为上限，即 4.71MPa。

2. 注气井环空带压风险监测 / 检测

借鉴 API RP 90 标准，结合吉林油田 CO_2 驱生产实际情况，确定适合吉林油田特点的注入井环空带压监测 / 检测方法。

在套管阀门端安装压力表或存储式压力计，定期监测注气井套压情况，如注气井有环空带压现象，则对其进行检测，检测方法如下：

（1）在套管阀门处安装 1/2in 针型阀，在安全的前提下，打开套管阀门放套压，并详细记录套压变化，根据放压情况初步判断套压上升的原因以及采取何种措施。

（2）如果套压能放至 0，且套压起压缓慢、时间长，在井口设备达到安全的条件下，平时密切观察套压变化，若压力超过设定值，则采取放压措施。

（3）如果套压不能放至零或虽能放至零，但再次起压的时间间隔短，且压力超过极限值，存在安全风险时则进行修井作业，执行第（4）至第（5）程序。

（4）采用压井液压井。

（5）井压稳后进入正常修井程序，按作业设计要求进行修井换管柱。

3. 其他压力监测

除定期监测/检测套压外，还要结合注入压力对井筒完整性进行综合判断，通过分析油、套连通关系及连通程度，同时分析井筒完整性泄漏途径，进而制定防控措施。

二、注采井腐蚀监测与管控

石油的勘探、开发是一个复杂的过程，具有易燃易爆、高温高压、有毒有害特点，随着油田开发企业的不断快速发展，开发年限的随之增加，导致油田开发过程中存在的环境风险也越来越严重，在控制管理过程中，要构建风险控制管理体系。

1. 生产过程中腐蚀风险

基层采油厂安全环保管理与企业的经济效益以及员工的人身安全有直接影响，CO_2 驱是一种提高油井采收率的有效方法，主要是利用其降低原油黏度、提高油藏压力、改善原油的流动性的特点，进而达到提高油井产量的目的。CO_2 在通常情况下性质稳定、无毒性，但注入过程中注入压力高可导致泵本体刺漏、井口刺漏伤人，造成环境污染。当空气中 CO_2 含量达到 4% 时，人就会出现头疼、心悸。若空气中 CO_2 含量达到 10% 时，人就会迅速出现意识丧失和呼吸停止，将因缺氧而致死亡。

室内研究表明，温度、压力、含水是 CO_2 驱矿场条件下采油井腐蚀的主要影响因素。CO_2 在无水的环境中不会发生腐蚀，在有水条件下，随着 CO_2 分压、温度升高，CO_2 极易溶于水形成碳酸，降低了 pH 值，导致管材发生腐蚀，随着含水上升，腐蚀明显加剧。CO_2 引起的腐蚀风险主要有井口刺漏、套管破损、抽油杆接箍断脱、油管穿孔、油管螺纹脱落、井下工具落井，导致安全事故发生。

2. 生产过程中腐蚀风险管控

注采井一旦发生腐蚀状况，会产生极为恶劣的负面影响，包括设备使用寿命下降、性能下降，甚至出现井喷、人员伤亡事故。因此在生产过程中，必须充分考虑腐蚀问题，加强对质量、安全、成本和环境等的管理，进而实现安全与综合效益的最大化。

目前抑制腐蚀最为简便有效的方法为投加缓蚀剂，结合 CO_2 驱矿场腐蚀工况，通过防腐药剂优选，确定生产过程中合理的矿场缓蚀剂加药制度与管理措施，保证了矿场生产中的安全防护效果。

1）采油井生产过程防腐风险管控

药剂使用浓度、加药工艺、加药周期等构成的合理加药制度是采油井生产过程中防腐效果保障的前提。针对优选出的防腐药剂体系类型，确定加药浓度、配套加药工艺、优化加注周期，形成合理的油井加药生产管理制度。

缓蚀剂合理使用浓度的确定，可提高缓蚀剂的防腐效果和经济有效性。结合矿场采油井工况，研究了药剂临界使用浓度和原油吸附对防腐药剂浓度的影响，确定合理的油井加药浓度。模拟试验区注采井工况，对不同缓蚀剂的浓度进行室内效果评价，确定腐蚀控制速率在 0.076mm/a 以下的最低使用浓度。由于采油井的介质属于油气水三相混合系统，所处环境复杂，杆管表面处于非清洁状态，对药剂性能要求更严格。根据采油井产液量、含水、水质、CO_2 含量、井底流压等生产参数，矿场设计加药浓度应大于最低使用浓度。

有效的防腐药剂加药方式是保证防腐效果的重要手段，确定合理的加药方式才能使防腐药剂在金属表面形成连续完整的防腐药剂保护膜，确保防腐保护效果最佳。根据采油井防腐药剂加注需求，结合采出井套压、动液面等变化情况，应用连续加药工艺、高压加药车加注工艺，保证矿场防腐需要（图 5-19）。

采用柱塞恒流连续加药装置的采油井的加药周期是连续加药装置储药罐中药剂量的有效使用时间，根据储药罐液位变化情况及时添加药剂。采用间歇加药井的加药周期是根据油井一次性加药后井口采出液中防腐药剂残余浓度低于有效浓度所需的时间。

现场生产单位需定期普查油井中腐蚀介质、CO_2 含量、含水、产液等变化情况，同时根据油井腐蚀监测结果，及时调整矿场加药制度。

（a）连续加药工艺

（b）高压加药车加注工艺

图 5-19　加药工艺

2）注入井生产过程防腐风险管控

注入井根据防腐需求，环空添加环空保护液，保障注入水水质合格，水气交替投加缓蚀剂段塞，保障井筒内外防腐效果。

在生产过程中，对油套环空的液面定期检测，液面测试周期为 2 个月，当液面距井口大于 50m 时，补加环空保护液。要根据压面监测情况定期补满缓蚀剂，补加缓蚀剂浓度按 2000mg/L，套管可以泄压的井直接套压泄为 0，通过套管阀门倒入；如果套压不能为 0，使用高压泵小排量进行泵注。

避免频繁开关井或者停注，导致储层油污和污染物返吐，在 CO_2 抽汲作用下易生成沥青胶质，定期使用刮管器清除井筒胶质和沥青质。

在水气交替过程加注缓蚀剂段塞，避免水气交替时，CO_2 与水频繁接触，导致油管内腐蚀结垢问题。按照注入水质要求，保证注入水合格。同时建立水气交替加药橇进行集中加药，在水与 CO_2 交替注入之前，注入 $10m^3$ 浓度为 200mg/L 缓蚀剂段塞。CO_2 转注水时，冲洗注水管线，如果长时间停注水也要清洗注水管线，避免管线内腐蚀产物及杂质进入井筒，导致井筒堵塞。

3. 腐蚀监测

腐蚀监测是测量各种工艺流体状态腐蚀性的一种测试工作。腐蚀速率决定了工艺设备能安全、有效运转的时间。腐蚀监测以及为降低腐蚀速率所采取的措施可以使备运行达到最佳效益，并降低设备寿命周期内的运行成本。

腐蚀监测技术能够提供以下几种方式的帮助：

（1）随时掌握生产设备的腐蚀情况，及时发现异常现象，防止出现突然的腐蚀破坏事故造成非计划停工，做到防患于未然。

（2）在生产过程中研究环境参数对材料腐蚀的影响，分析设备腐蚀的规律性，为更好地解决腐蚀问题提供基础。

（3）评估腐蚀控制和防腐技术的有效性，如化学缓蚀剂法，并且找出这些技术的最佳应用条件。

1）油气田生产流程中监测点的设置

腐蚀试验的基本要求，一是可靠性，二是重现性。因此，腐蚀监测点在生产现场腐蚀环境最苛刻、最能反映生产现场介质的腐蚀性、现场经常发生腐蚀的部位安装。腐蚀监测点的布置要具有区域性、代表性、系统性。

（1）区域性是指某一个油气田或某一个区块，不同区块不同层系统的介质腐蚀性是不相同的。

（2）代表性是指在生产系统中能达到以点代面的点。在选定油气田中，根据日产气量、日产液量、含水量、CO_2/H_2S、总矿化度、Cl^- 等腐蚀介质相对较高的单井设置监测点。

（3）系统性是指围绕和贯穿整个油气田生产系统的各个环节，从单井井筒（不同温度压力下的腐蚀性）、单井井口在整个生产流程设计安装腐蚀监测点，满足系统监测要求，反映生产系统的腐蚀状况。

2）腐蚀监测方法

（1）投产前后腐蚀情况监测。

为了准确分析腐蚀效果，投产前后利用十八臂井径仪对套管井径进行检查，详细记录套管井径数据。通过井径对比，判断井内腐蚀情况，但此方法没有严重腐蚀情况下准确度低。

（2）井口在线腐蚀监测法。

井口装置的小四通上设计有腐蚀监测装置，在腐蚀监测装置上安装腐蚀挂片和电阻探针，通过定期拆装监测挂片和电阻探针监测井口腐蚀情况，测定腐蚀速率，来判断井口的腐蚀程度。同时可以利用超声波探伤方法定期监测井口腐蚀情况。

（3）井筒腐蚀监测。

在采油井管柱代表性的管柱部位连接腐蚀测试筒，在腐蚀测试筒内安装油管腐蚀测试环和挂片器监测井筒内腐蚀；在抽油杆上安装油管腐蚀测试器，分别在泵上、1000m、500m下入 3 个挂片器，为腐蚀监测及缓蚀剂筛选起到一定的借鉴作用。

在注气井下完井管柱上连接腐蚀监测装置，在腐蚀监测装置内放入不同材质的腐蚀监测环。完井作业时下入，在下次作业时起出，通过腐蚀形貌分析，以及监测腐蚀环的失重法测定腐蚀速率，来判断井下油套管的腐蚀程度。

（4）生物分析法。

在油田腐蚀过程中，起作用的细菌主要有三种，它们是：腐生菌 TGB、铁细菌（FB）和硫酸盐还原菌（SRB），通常只检测 SRB。通过细菌数量变化，判断腐蚀状况与矿场杀菌效果。

（5）化学分析法。

通过防腐措施前后总铁/亚铁含量测定，判断腐蚀变化情况与防腐效果，通过防腐措施前后 Ca^{2+}、Mg^{2+} 测定，判断结垢状况与矿场防垢效果。

第四节　CCUS-EOR 项目井下作业风险管控

一、井下作业风险管控技术现状

在目前的油田井控安全风险控制技术当中，一般采用的是分级技术，其技术要点体现在以下几个方面：

（1）造成油田井控安全风险的主要原因包括地层压力、油田的开发方式、井身结构的限制和操作人员的整体素质，根据这些因素，可以对不同的地层压力进行探索。另外根据油田区块的不同，选择合适的作业方式和井控装备，最后对操作人员进行井控安全风险的培训，在这样的情况下，虽然不能对这些风险进行消除，但是可以对其进行预防和控制，在最大程度上减少因为这些风险带来的安全事故。

（2）另外对油田中的主要参数进行确定和量化，其中主要包括这样几个方面：

①首先是根据地层控制系数和油品的性质，将油气水井的压力等级划分为高压井、常压井和低压井等三种情况，每种等级的油井压力都有具体的标准划分。

②另外可以根据井地面环境条件的敏感程度，将这些地方划分为高危地区、危险地区和一般地区，根据不同地区的具体划分和危害性，来采取相关的措施进行处理。

经过以上几个方面的划分，一般情况下，可以将油田井控分为一级到四级等四种不同的风险级别，然后对于不同级别的井控风险程度进行具体的规定，对其结果进行评价和调整，这种方法被称为井控风险要素量化分级法。在这种方法的具体应用中，可以根据以上四种风险等级的标准，将各个地区的所有油田进行等级划分，并且确定每种等级风险的油田所占的比例，最后根据井控风险分级的运行情况和油田的具体开发情况，对这些分级结果进行相应的评价，以此来保证结果的准确性和可靠性，同时可以使相关人员根据风险等级的划分，来选择合适的井控设备和技术，保证油田整体的安全。

通过国家重点课题"钻井井控技术"的攻关研究，并与现场生产实践相结合，不断进行总结和完善，已形成一套较为完善、适用的井控技术。这套井控技术包括以下方面：

（1）井控设计。通过多种方法对地层压力、地层破裂压力和井眼坍塌压力进行预测，并确定合理的井身结构，配套相应的井口压力控制设备。这样使整个井筒和井口具有足够的强度，为油气井压力控制奠定基础。

（2）钻开油气层的压力控制技术，包括 5 个方面：

①钻开油气层之前井控准备工作的检查和验收。不仅对井控装备进行试压验收，而且要调整好钻井液密度等性能，要求储备足量的加重钻井液和加重剂，

还要制定相应的井控技术预案。

②钻开油气层时监测溢流。采用坐岗制对返出钻井液流量和钻井液罐液面变化进行监测，测量进出口钻井液密度、钻井液出口的含烃量，以判断是否发生溢流并采取相应的措施。

③停止循环钻井液期间压力控制措施。除通过坐岗制监测返出口钻井液流量和钻井液罐液面变化发现溢流外，还需要采取以下措施：起钻前不仅要求有足够的循环时间，清除气侵钻井液；而且进行短起下钻，测量气体上窜速度，保证有安全的作业时间；起下钻过程中在控制起下钻速度的同时要及时灌浆，以保证合理的井筒液柱高度。

④发现溢流及时关井。当发现溢流，根据工况采用相应的关井程序，即钻井井控的"四七"关井动作。

⑤特殊情况下的压力控制。如在喷漏同存的情况下为保持井筒液柱高度，以保证足够的井底压力，防止气体侵入，可以采用"吊灌"技术。这些措施的目的是合理控制井筒压力、及时发现溢流、溢流发生后及时关井以保证井筒中有尽可能少的侵入流体，为重新建立压力平衡创造条件。

（3）排除侵入流体的压井技术。根据关井获得的立压、套压、溢流大小和钻具在井筒内的位置，选择合适的压井方法，制定合理的施工参数，配制高密度钻井液，并将新配的钻井液泵入井筒替换气侵的钻井液，泵入期间需通过适当控制节流阀开度调节立压。

井控配套装备包括防喷器及其控制系统、节流压井管汇、采气（油）树、套管头、钻具内防喷器工具等五大类，目前国内能设计和制造这些装备，并覆盖21MPa、35MPa 和 70MPa 3 个压力等级，正在逐步配套 105MPa 压力等级的井控设备。此外成功研制了旋转防喷器、不压井强行起下管柱液动加压装置和钻井液除气器等装置。不仅能对井控装置质量进行监督检验，而且制定"井口装置配套技术规范""钻井井口井控装置安装、调试与维护"和"液压防喷器检查与修理"等技术规范。这样井控装备从设计、制造、质量监督、使用、维护和监测都建立起了较为完善的规范，从装备上保证了井控技术顺利实施。

国内不仅在井控技术有 SY/T 5964—2019《钻井井控装置组合配套、安装调试与维护》、SY/T 5742—2019《石油天然气井井控安全技术考核管理规则》等石油行业标准，各大石油公司在行业标准基础上加以细化、量化，建立了《石油与天然气钻井井控规定》，这是企业的井控法规。各个油田结合本地区的地质、钻井、装备配套、井控工艺的特性，提出了钻井施工中的较详尽的井控技术要求，制定了《钻井井控技术规定实施细则》，各个钻井分公司结合本地区钻井的具体情况制定出更详尽的井控技术文件。通过各级制定的相关标准和规定，保证井控工作顺利实施，为防止井喷事故的发生发挥了重要作用，同时标志着国内井控工作已走向正规化、规范化和标准化。

在井控技术的实际应用中需要注意以下几个方面。

1. 规范操作井控技术

井控技术的应用，对于提高井下作业安全性有着明显的效果。在具体应用过程中，要正确规范操作井控技术，做好相关协调工作，以阶段分化的方式确保井控技术的有效应用。在前期阶段，结合相应的作业流程合理分配井控设备，提高井控设备的配置标准，确保设备整体运行效果。在井下作业过程中，涉及的井控设备种类较多，要科学规划这些井控设备，不同环节配置相应的井控设备，明确不同井控设备的使用年限，不要出现超期使用的情况，不然存在很大的安全隐患。井控设备布设到各个环节，很多都是处于长期运行的状态，需要定期检查井控设备的运行情况，做好设备管理工作，发现问题及时报备，然后采取针对性措施进行解决，确保井控设备的稳定运行。将日常检查井控设备的信息数据记录下来，通过一定周期对相关数据进行汇总分析，将分析报告提交到管理部门，使管理人员能够结合数据报告制定后续合理的管理维修方案。

2. 提高对井控技术应用的重视程度

井控技术对于井下作业安全性有着重要作用，作业相关领导人员和管理人员，一定要重视对井控技术的有效应用，结合井下作业需求制定科学严谨的管理制度。作为上层领导，对井控技术要有一个正确的认知，只有上层领导重视井控技术的应用，才能起到一个牵头的作用，从而调动整个一线员工的状态。对井下作业流程要严格监督，各个操作环节都要掌握到位，如果在井下作业期间出现压力失衡的情况，造成的损失是多方面的，对开发企业会造成沉重的打击。也正是如此，在事前就要加强重视、加强管控，做好相关预防工作。作为井下工作人员，要正确认识到自身工作的特殊性，加强提升安全意识，端正自己的工作态度，严格按照标准进行操作，对检测仪器进行多次测量，确保检测仪器数据的准确性，并将检测仪器提取的数据进行报备，做好数据统计工作。这些数据也是为了后面作业方案的制定提供依据，有着重要的参考作用。

3. 加强井控技术培训管理力度

井控技术应用对于井下作业安全性提升有着重要作用，通过井控技术的培训管理，能够在技术层面上确保井下作业安全性。井控技术培训管理涉及的内容比较多，有效的技术培训管理能够提高作业人员的安全意识，可以将井控技术培训管理分化为几个板块。首选就是针对人员方面的培训管理，井下作业中涉及的井控设备比较多，不同的井控设备操作要求和规范标准不同，有些设备对人员的专业性要求很高。主要是对作业人员进行系统性培训，结合岗位需求，使培训完的人员能够满足岗位操作需求。当然对于人员也不仅仅是理论培训，更需要具体实践，通过一定周期的培训需要统一进行测试，测试达标之后才能正式上岗操作，如果测试不达标就需要继续培训，确保培训人员都能全面掌握操作知识和操作技能，正确操作井控设备。其次就是在工作中学会经验的总结分析，定期组织专业人员进行技能讲解和经验分享，对一些操作过程中要注意的事项进行详细的说明，避免操作人员因为违规操作引发安全事故。对每一次的井下事故进行记录，将记录好的数据交由技术人员进行深度分析，从中找出问题原因，不断优化完善资源配置，提高设备性能指标，确保井下作业安全性。

4. 监管体系的标准化建设

井下安全作业需要相关使用企业在监督方面配备有标准化的安全作业流程。

为保证石油资源开采的安全性，国家出台一系列的安全管理办法，结合具体法律条例，施工企业应该在企业内部建立一套完善的标准化监管体系。因为，建立健全完善的标准化管理体系可以有效降低事故发生频率，确保井下作业的安全，保障我国自然能源的同时，保护人民群众的切身利益。对于企业的发展建立，标准化监管体系是落实安全责任的基础，是当今社会经济变革潮流中企业得以立足的根本。

对当前我国石油企业运行状况以及人力资源状况进行具体分析，在建立健全标准化的监管体系时，石油领域相关企业需要积极引进大量的专业化管理人才。因为我国进行石油开采工作时间较早，在整个石油行业发展过程中，受传统管理模式的影响较严重，面对时代的发展，在进行观念的转变上需要及时引进新鲜的血液。所以，在招聘管理人才时，企业应当严格把控应聘人员的资质，同时为相关人才提供完善的薪酬体系以及福利待遇，结合人员的个人发展意向为其提供适合的岗位，并且定期与国内外先进的组织进行交流学习，为青年管理工作者提供学习的平台，促进其成长与发展。另外结合现代科学技术的提升，企业应该及时搭建安全网的平台，利用现代高新技术对企业施工进行智能化监控。网络管理平台可以借助先进的技术，实现对施工过程的实时监控，结合各项数据信息的实时变化，合理预测施工风险，遇到险情及时报警，为一线人员提供安全保障。

二、井控技术的发展方向

1. 完善井控理论，开发配套软件

随着井下传感器的开发和计算机技术的发展，人们对井筒内动态环境有了更深刻的认识和理解，给井控理论基础的更新创造了条件，以便准确计算井筒压力，提高钻井压力控制水平。新的井控理论应该考虑不同井底压力下油气层的流入和流出，结合井筒瞬态的压力和温度场，采用气液多相流理论计算井筒剖面压力，并利用井筒压力实测值修正计算压力。利用新的井控理论编制井筒压力计算软件，便于计算不同压井方法在井筒各关键点的井筒压力，并优选出

合理的压井方法和压井施工参数，以指导压井施工作业。当然，这种软件不仅应用于负压钻井的设计，而且为压力控制钻井提供压力计算的依据。此外还应研究水平井、多底井等特殊情况下天然气的侵入和气液两相流动规律，确定合理的钻井液附加密度和安全作业时间。

2. 增强井控装备配套水平

为适应高压高产气田开发的需要，井控装备需要开展以下技术攻关研究工作：

（1）对 105MPa 压力等级井控设备进行配套，并研制适合于酸性气田的井控装备。

（2）提高节流阀和压井管汇的节流和抗冲蚀能力，其方法有：

①改善节流阀的结构和材质，提高精确控制能力、抗冲蚀能力。

②研制多级节流系统：一方面合理分配节流压降，改善节流阀件的工作条件；另一方面防止单一路径失效影响压井施工。

③完善压井管汇结构，降低高速流体对管汇的冲蚀作用，提高其完整性。

④实行智能控制，提高控制精度，防止误操作。

（3）对分离器进行优化和完善，提高脱气能力，如选用"U"形管分离器，比液位机构分离器的处理量提高了 7 倍。

（4）研制和开发智能井控系统，通过自动实时调节液动节流阀的开度来控制井口回压，使井内压力按照预定压力变化，完成井控施工作业。当然，需要研制和引进先进的探伤检测仪，对井控的防喷器等厚壁设备进行无损伤探测和评价，以保证井控设备的完整性。

3. 研制井筒液面自动测定等监测仪器

为及时发现钻井液停止循环期间溢流的发生，就需要从分析溢流早期特点入手，其特点是随着气体侵入井筒，井底附近钻井液含烃量升高，井筒内液体体积小幅度增加。要测定井底附近钻井液含烃量的难度非常大，只能监测井筒内液体小幅度增加。井筒内体积小幅度增加就可引起井筒内液面较大幅度升高，若在 $\phi 177.8mm$ 套管内下入 $\phi 88.9mm$ 钻杆，如果溢流量达到 45L/h，则上部井筒内液面升高幅度达到 4.8cm/min。如果测定液面升高幅度，结合是否泵入和钻具下入井内的情况，就可以及时发现溢流。因此，研制出精度合适的井筒液面自动测定仪就能提高发现溢流的时效性和自动化程度。当然，如能研制井筒压力、钻井液含烃量或钻井液密度等实时监测仪，不仅能够及时发现溢流，而且能大幅度提高井筒压力控制水平。

4. 研制闭路循环系统装置

负压钻井（气体钻井、气液两相和液相负压钻井）已经在提速、保护油气层和减少井下复杂情况等方面显现出明显优势，但是这些技术不能实现对井筒压力的有效控制，严重限制了其应用范围。为充分发挥负压钻井的优势，有效降低钻井成本和保护油气层，需要对井筒压力进行有效控制，这要求建立全过程（钻进、接单根和起下钻等）的闭环压力循环系统——这就是压力控制钻井技术。为此，需要在完善旋转防喷器的基础上，加上相应的节流管汇、钻杆浮阀、承压振动筛和除气器以形成闭环压力循环系统，配套环空压力等监测仪和软件。

➤➤ 参考文献 ➤➤

[1] 张绍槐. 井筒完整性的定义、功能、应用及进展 [J]. 石油钻采工艺，2018，40（1）：1-8.

[2] 史毅，张宇睿，程纯勇. 国内外井筒完整性研究进展 [J]. 内江科技，2014，35（5）：118-119.

[3] 张绍辉，张成明，潘若生，等. CO_2 驱注入井井筒完整性分析与风险评价 [J]. 西安石油大学学报（自然科学版），2018，33（6）：90-95.

[4] 廖加栋. CO_2 驱注入井筒完整性评价研究 [D]. 武汉：长江大学，2020.

[5] 刘盈. 油气井完整性综合评价方法及管理系统研究 [D]. 西安：西安石油大学，2018.

[6] 王润刚. 姬塬油田水井转注 CO_2 井筒安全性评价研究 [D]. 西安：西安石油大学，2018.

[7] 刘甜，王六鹏. 油井井筒完整性的综合评价方法 [J]. 石油化工应用，2018，37（11）：37-40.

[8] 田晓冬. 井筒完整性研究现状及进展 [J]. 西安文理学院学报（自然科学版），2018，21（5）：107-114.

[9] 李隽，王晓冬，王云，等. 基于层次分析法的气井完整性评价模式 [J]. 钻采工艺，2013，36（3）：6，31-34.

[10] 秦宇，孙建鹏，卓兴家. 油气水井井筒完整性研究综述 [J]. 辽宁化工，2016，45（6）：791-793.

第六章 CCUS-EOR 项目地面工程风险管控

CCUS-EOR 项目地面工程涉及的工艺流程繁杂、设备设施多、操作风险高，必须考虑 CO_2 地面工程风险管控。因此，针对以上要求，本章主要阐述 CCUS-EOR 项目地面风险管控以及数字化工控安全技术等。

第一节 CCUS-EOR 项目地面风险管控

根据现场测试结果，油田不同区块存在不同程度的泄漏现象，结合 CO_2 驱地面系统的生产实际，提出以下安全对策措施：

（1）加强压缩机房、注入泵房和计量间等重点部位的泄漏检漏与隐患治理，加强通风，定期检查各工艺设备及 CO_2 传感器的工作状态，防止 CO_2 窒息事故的发生，如在现场检测时发现泄漏较强的区域如注入泵房，需要对工艺设备及流程进行相应的改进，从本质上减少因耐压性能不够等原因导致的泄漏。加强巡查与在线检测技术的水平，及时发现管道腐蚀与泄漏事故。

（2）设置泄漏安全标识，并配有相应的安全设施，如呼吸器等，最大限度地保证人员生命安全与健康。

（3）制定站内 CO_2 检测与泄漏事故疏散安全距离的相关规定，指导事故应急，提高应急的时效性与可操作性。

一、工艺设备设计中的安全防护措施

1. 设备选材基本规定

一般工程非标设备用材料完全采用国产材料，成本低，质量可靠。

材料选择主要从工艺条件（如操作温度、操作压力、介质特性和操作特性等）、材料的加工性能、焊接性能、容器的制造工艺以及经济合理性等方面来

考虑。

受压元件所用的材料应符合 TSG 21—2016《固定式压力容器安全技术监察规程》、GB/T 150.1~150.4—2011《压力容器》等要求。

基于上述原则及含 CO_2 介质对材料的特殊要求，非标设备的主要受压元件选用板材为 S31603+Q345R 不锈钢复合板和 S31603 不锈钢板，其中设备的壳体采用 S31603+Q345R 不锈钢复合板，DN＞350mm 的接管和人孔筒体采用 S31603 不锈钢板；小型锻件为 S31603 锻钢，人孔大型法兰则采用堆焊或衬板结构；DN≤350mm 的接管采用 S31603 无缝钢管。

设备内部不可拆内构件以及支承结构件选用与设备相焊部件材质相一致的材料。

设备内部可拆件如栅板、除沫器、蛇形板聚结器等的材质一般选用 S30408。

2. 非标设备结构设计原则

设备的设计必须满足工艺功能要求，并且严格遵循标准和规范的要求，确保安全可靠。同时还要考虑介质特性（发泡原油）和有段塞流的工况。除满足以上要求外，还应考虑方便制造、安装和检修。

1）卧式计量分离器

气液分离采用旋流加重力沉降分离的方式，通过设置板聚结器和丝网捕雾器，可将气体中 99% 以上大于 $10\mu m$ 的液滴捕集起来。

计量采用翻斗式计量方式，通过设置缓冲腔、缓冲挡板等结构提高计量准确率。同时在结构上还考虑了防抖、分离组件拆装的便利性。

2）除油器

除油器采用旋流加重力沉降分离的方式。前端采用旋流分离作为入口结构进行初分离，分离后的气体再经过板聚结器和丝网捕雾器进行多次分离，以保证气体除油的效果。旋流分离采用新型轴流式涡流板分离元件。

3）三相缓冲分离器

三相缓冲分离器以重力沉降分离为主。设备内部分为分离缓冲腔和集油腔。在气相区内设置两组蛇形板聚结器，一组丝网捕雾器，除掉气体中大于 $10\mu m$ 的液滴；液相区内设置一组油水分离组件，可以提高油水分离的效率。

4）两相分离器

两相分离器以重力沉降分离为主，入口采用碰撞的形式进行初分离，气相区内设两组蛇形板聚结器，一组丝网捕雾器，能够除掉气体中大于 $10\mu m$ 的液滴。液相区前端设置消泡装置，对来液进行机械消泡。

3. 制造、检验与验收标准

所有压力容器的制造、检验和验收必须满足 TSG 21—2016《固定式压力容器安全技术监察规程》、GB 150.1~150.4—2011《压力容器》和 NB/T 47042—2014《卧式容器》及相关标准、规范的规定。

用于含 CO_2 介质的设备，壳体所用复合钢板按 NB/T 47013.3—2015《承压设备无损检测　第3部分：超声检测》进行超声波检测，不低于 II 级要求为合格。

制作法兰、凸缘等的锻件，应符合 NB 47010—2017《承压设备用不锈钢和耐热钢锻件》中的锻件要求。

设备的压力试验优先选用水压试验，水压试验时水中 Cl^- 含量不超过 25mg/L。因特殊原因不能做水压试验的，制造厂按有关标准的规定进行气压试验，并采取相应的安全措施。

4. 阀门、仪表等的安全防护措施

1）阀件选择

CCUS 项目中原油处理系统输送介质为含水原油，工艺流程中运行温度最高为 70℃，运行压力最高 4.0MPa，原油处理系统所采用的阀门材质均选用碳钢材质，其适用公称压力≤10MPa，适用温度 -10~200℃。油气集输阀门的型号为 Z43WY、Z41H，材质为碳钢（GB/T 12234—2019《石油、天然气工业用螺柱连接阀盖的钢制闸阀》）。

注水系统输送介质为水，运行压力最高为 25MPa，采用的阀门选用碳钢材质，其适用温度 -10~200℃。油气集输阀门的型号为 Z63Y、Z41H，材质为碳钢（JB/T 5298—2016《管线用钢制平板闸阀》、GB/T 12234—2019《石油、天然气工业用螺柱连接阀盖的钢制闸阀》）；注入系统介质为密相 CO_2，运行压力最高为 25MPa，其适用温度为 -40~40℃，采用的阀门选用不锈钢材质（S31603，GB/T 14976—2012《流体输送用不锈钢开缝钢管》）。

2）仪表设备、材料的材质选择

（1）可燃气体浓度监测报警选用催化燃烧原理气体浓度检测报警控制仪。

（2）压力、温度远传均选用带现场指示智能压力变送器、智能温度变送器。

（3）掺输水流量计、外输流量计选用单转子流量计。

（4）液位远传选用浮球液位计。

（5）含水分析仪选用在线含水分析系统。

（6）压力测量采用数字压力变送器，精度 0.5 级，带就地液晶显示。

（7）温度测量采用防爆一体化温度变送器，精度 0.5 级，套管焊接安装。

以上仪表设备均选用 dⅡBT$_4$ 隔爆型。仪表设备材质见表 6-1。

表 6-1　仪表设备材质一览表

序号	仪表名称	主要选用材质
1	浮球液位计	316L 不锈钢
2	单转子流量计	304 不锈钢
3	温度变送器	304 不锈钢
4	压力变送器	316L 不锈钢
5	含水分析仪	316L 不锈钢
6	可燃气体报警器	304 不锈钢

二、防火、防爆的安全措施

防火、防爆的安全措施主要是利用实时采集的生产信息，建立覆盖油气生产、处理全过程的生产管理、预测预警系统和数据接口。生产管理子系统提供生产过程监测、生产分析与工况诊断、物联网设备管理、视频监测、报表管理、数据管理、辅助分析与决策支持、系统管理、运维管理功能，实现生产过程实时预警，控制参数实时调整，数据信息实时发布，管理决策及时到位。数据采集存储格式、数据传输协议、数据入库存储格式等要符合标准化要求，实时数据库并发处理能力强。系统运行稳定、可靠，易操作、界面友好，能够满足24h全天候实时监控的需要，兼容性好。目前黑46循环注入站内已建有完备的DCS控制系统，且运行平稳可靠，进行集中显示、控制、联锁、报警、打印报表等功能操作，同时与站内的安全仪表系统（SIS）、火气报警系统（F&GS）进行通信和联锁控制。

站内已建有一套火灾检测和可燃气体、CO_2检测报警系统，简称火气报警系统。火气报警系统设置专用操作员站，当发生事故报警，人工确认后手动启动SIS系统。

（1）火灾自动检测报警。

根据被监测装置内可燃物介质的火灾特性，分别在压缩机厂房内及装置区内设置火焰探测器，发生报警经确认后，手动启动紧急停车系统。

（2）可燃气体泄漏检测报警。

在站内工艺厂房、装置区及井场装置区等可能出现可燃气体泄漏的地方，设置固定点式可燃气体泄漏检测器，信号上传至火气报警系统。

三、管道的防腐措施

（1）埋地不保温钢质管线采用三层聚乙烯防腐结构。此防腐结构内层为环氧粉末高温固化静电喷涂层，具有绝佳的附着力及耐腐蚀能力，中间层及外聚乙烯层具有施工简便、吸水率低、柔韧性好、耐冲击强度高等优点。此防腐结构可有效解决高腐蚀性土壤下植物根系、高水位、高应力等带来的腐蚀防护问题，使用寿命可达30~50年。

（2）地上钢质管线外防腐层选用交联氟碳涂料，保温防护层采用硬质超细玻璃棉及镀锌薄钢板。氟碳涂料特有的C—F键的高强度键能特性使涂料具有超高的耐候性能，并具有自洁能力，采用两层涂装体系，既满足了工程质量需要又降低了工程成本。

（3）超细玻璃棉导热系数适中、质量轻、吸水率低、价格便宜。外防护层采用镀锌薄钢板耐腐蚀性能适中，表面抗冲击能力强，整套腐蚀防护体系造价低、施工简易、基本可以满足工程需要。

（4）埋地的钢质保温单管线采用聚氨酯保温层环氧底漆搭配复合型聚乙烯防腐胶黏带的双层防腐结构价格低廉，现场补口施工简单，与聚氨酯泡沫保温层及聚乙烯外夹克层配套使用弥补了其本身性能不足的缺陷，达到预期设计效果的同时降低了造价。

（5）埋地的钢质管线无溶剂环氧煤沥青涂料具有很好的耐腐蚀性，与玻璃布配套使用起到了玻璃钢结构的特性，增加了抗植物根系冲击能力，施工简单，适合现场短距离铺设。

四、电气安全措施

对于爆炸危险场所，电气设备的设计、安装及维护等符合 GB 50058—2014《爆炸危险环境电力装置设计规范》的规定；在防爆区域内按防爆等级要求选用防爆电动机、防爆电动阀、防爆灯具和仪表。

（1）站内新建电气设备及控制仪表均选用防爆安全型。

（2）照明采用防爆灯。

（3）配电柜选取放置于非防爆区内 MCC 配电柜，选择具有防过载、防短路、防接地、防接触不良的功能的内开关。

（4）电缆选取具有不易老化、防雷电接地等安全措施的铠装交联聚氯乙烯绝缘电缆。

（5）泵房内爆炸危险场所选用相应级别和组别的防爆电气设备和阻燃电缆。

（6）其他非防爆区域配电电缆选取具有不易老化、防雷电接地等安全措施的铠装交联聚氯乙烯绝缘电缆。

1. 防雷、防静电措施

防雷、防静电措施符合 GB 50183—2015《石油天然气工程设计防火规范》、

SY/T 0060—2017《油气田防静电接地设计规范》中的技术要求。

电气、仪表及通信等设备的工作接地与保护接地、防雷接地、防静电接地共用接地系统，站场内总接地电阻不大于 4Ω，低压配电系统采用 TN-C-S 接地。入户端电缆的金属外皮、钢管、配电柜、电气设备非带电金属外壳及金属管道与接地装置连接。电源进线的金属外皮和水暖专业进出金属管道在入户端均要与接地装置连接，采用等电位联结方式，总等电位联结端子箱设在总配电室进线柜附近，总等电位联结端子箱与电源进户线、水暖进户管线均采用镀锌扁钢作可靠联结。

工艺管线上的法兰、阀门两端等连接处应采用 $6mm^2$ 软铜编织线进行跨接，跨接方向一致。当法兰的连接螺栓不少于 5 根时，在腐蚀环境下，可不跨接，但应构成电气通路。平行敷设的工艺管道、架构等长金属物，相互间净距小于 100mm 时，应每隔不大于 20m 用 $6mm^2$ 软铜编织线跨接；交叉净距小于 100mm 时，也应用 $6mm^2$ 软铜编织线跨接。

2. 建（构）筑物的防火、防爆措施

（1）建（构）筑物耐火等级为二级。

（2）有防爆要求的建（构）筑物，地面（包括踢脚）做法为不发火水泥砂浆地面。

（3）注入气压缩机房、产出气压缩机房作降噪设计：墙面及屋面采用多层复合吸隔声结构，选用具有防火、阻燃、无挥发性、无毒的吸隔声材料；采用隔声门窗；设备采取相应的有效隔振措施，如加设橡胶隔振垫；管道穿墙缝隙采用非燃烧隔声材料严密封堵。降噪后满足 GBZ 1—2010《工业企业设计卫生标准》中有关要求。

（4）值班室（包括操作间、机柜间）安装防静电地板。

五、防毒、防化学伤害的安全措施

1. 有毒气体探测系统

如处理介质中不含 H_2S，可不设有毒气体探测系统。但工艺生产过程中 CO_2

含量过高会引起操作人员窒息，在站内工艺厂房、装置区等可能出现可燃气体泄漏的地方，设置固定点式 CO_2 泄漏检测器，信号上传至火气报警系统。

（1）压缩机房高压位置设置摄像头监控，减少工人出现在危险场所的频率。

（2）站内设置紧急关断设施，保证高压及泄漏状态下，自动快速切断气源，防止 CO_2 气体聚积、窒息。

（3）操作人员需要进入装置区时，携带便携式可燃气体探测器，以保障人身安全。

（4）在厂区显著位置设置风向标，万一发生有毒气体泄漏时，便于人员安全撤离。

（5）装置在危险区域的边缘应设置醒目的安全标志。

2. 通风系统

站外井场、操作装置区采用自然通风，新建建（构）筑物采用机械通风，排除室内有害气体和余热。

计量站、气液分离操作间、产出气分离处理及注入站站内有油气及 CO_2 散发的场所，采用防爆抗腐蚀轴流风机机械通风，并与可燃气体探测器和 CO_2 气体探测器联锁控制；在压缩机房等高 CO_2 含量场所，采用抗腐蚀轴流风机机械通风，风机与 CO_2 报警联锁控制。

3. 安全泄放系统

站内伴生气、天然气管线接入放空系统，设放空管。

六、防范其他危险、危害因素的安全措施

1. 机械伤害的安全措施

（1）施工机械设备附近设警示牌。

（2）施工过程中应保证设备固定牢固，减小振动。

（3）机械设备各传动部位设有可靠防护装置；压缩机、泵等机械设备附近设警示牌。

（4）压缩机、泵类等机械设备设有基础，设备与基础采用螺栓连接，保证

设备固定牢固，减小振动。

2. 高温烫伤安全措施

对表面温度超过 60℃ 的设备和管道，需保温的设备设置保温层，不需保温的在经常操作、维护的部位均设防烫伤隔热层或隔热网。避免接触烫伤，并在显著位置设立警示标志。

3. 低温冻伤安全措施

液态 CO_2 泄压发生相态变化大量吸热，瞬间产生 -40℃ 的低温，会导致操作人员冻伤，对需隔热的设备设置隔热层，在经常操作、维护的部位均设防冻伤的绝热层，并在显著位置设立警示标志。

4. 高处坠落、物体打击的安全措施

高度超过 2m 操作平台设防护栏杆，为防止发生滑倒事故，除操作平台、梯子采用花纹钢板外，其余均应采用格栅板，钢梯脚踏板有防滑性能，使之能达到 GB 4053.1~4053.3—2009《固定式钢梯及平台安全要求》的要求。

5. 噪声的安全措施

（1）选用低噪声设备。严格控制管道及设备内介质流速。

（2）高噪声装置区采用巡检制度，尽量减少操作人员现场工作时间。

（3）配备工人巡检时佩戴的防噪声耳塞、耳罩等防护用品。

（4）总平面布置时考虑各生产、辅助建筑物和生活、办公区的合理布局，保持适当距离，同时进行绿化设计，达到降噪、吸噪的目的。

（5）噪声较大的设备应尽量将噪声源与操作人员隔开；工艺允许远距离控制的，可设置隔声操作（控制）室。对振幅大、功率大的生产设备应设计隔振措施。产生噪声、振动的建筑物墙体应加厚。噪声强度超过要求的厂房，其内墙、顶棚应设计安装吸声层。

（6）建筑设计对噪声采取的防治措施：如对中控室内自生的噪声（人的说话声、打印机的打印声、风口噪声等）采取吸声措施，天棚面板采用吸声材料，以使室内噪声得到有效的控制，最终将控制室室内噪声级限制在 60dB（A）以下。

（7）将产生噪声的机泵集中布置，并与值班室分开设置，设密封观察窗，降低噪声对值班人员的危害。

6. 防二氧化碳窒息的安全措施

（1）在进入有限空间作业前，必须进行空气置换，对氧含量进行测量，确信氧含量浓度符合要求时方可进入。进入有毒物的有限空间，检修人员还应配备防护用品，如防毒面具等。

（2）仪表值班室与注入泵房分为 2 个建筑单体，防止超浓度的 CO_2 气体和噪声对人体的危害。

（3）每次停产后，必须将管道内的 CO_2 液体放空，以避免液态 CO_2 汽化。

（4）注入泵房、值班室、压缩机房的 CO_2 浓度报警并与通风系统、注入泵联锁，当浓度大于 $5880mg/m^3$ 时，启动通风系统；浓度大于 $11760mg/m^3$ 时，停止注入泵，通知压缩机报警。

（5）泵房采取机械通风方式，并设可燃气体报警装置，有油气散发场所的机泵均采用防爆电动机。

（6）有油气及 CO_2 气体散发的厂房均采取良好的通风系统，防止气体积聚。

7. 电气伤害的安全措施

（1）存在电气危险的地方，应在明显位置设置警示牌。

（2）为了防止和减少静电危害，保障安全生产，对有可能产生和积聚静电的部位，采取静电接地措施。设法提供静电荷消散通道，保证足够的消散时间，选择适用于不同环境的静电消除器械，对带电体上积聚的静电荷进行中和及消散。屏蔽或分隔屏蔽带静电物体，同时屏蔽应可靠接地。

七、安全卫生防护距离确定

CCUS 可能的与连续泄漏和瞬时泄漏相关的严重生产事故类型包括 CO_2 储罐破裂泄漏、CO_2 管线破裂等，由此造成的事故形式可能有含 CO_2 天然气的燃烧、爆炸、CO_2 窒息。根据上述研究结果，结合吉林油田 CCUS 项目的实际，安全卫生防护距离确定方法的技术路线如图 6-1 所示。

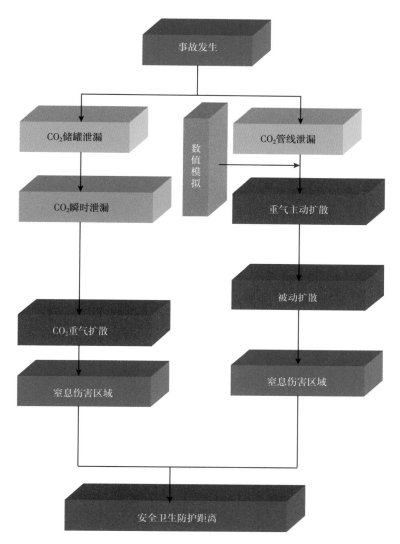

图 6-1 安全卫生防护距离确定方法路线

对于 CO_2 的泄漏，主要的可能后果是高浓度 CO_2 导致窒息事故的发生，因此对于泄漏事故后果预先分析十分必要。但是实验研究成本高，耗费大量人力、物力、财力，用一般性的求解方法也很难得出结果，而计算流体力学方法则可以克服这方面的困难，从而求解出满足工程需要的数值解。更重要的是，数值模拟能够实现不同条件下的模拟研究，且模拟结果较精确，可重复模拟，可视性强，另外数值模拟成本低，耗时比观测研究与实验研究少，因此数值模拟在重气扩散方面具有很大的优越性。

该类模型是基于计算流体力学（Computational Fluid Dynamic，CFD）的数值方法，以 Navier-Stokes 方程为理论依据，结合一些初始和边界条件，加上数值计算理论和方法，从而预测真实过程各种场的分布（图 6-2）。

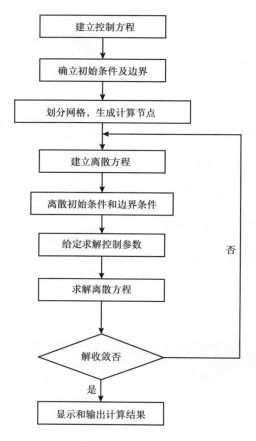

图 6-2　CFD 工作流程图

该类模型的求解依赖三维空间和时间坐标的偏微分方程组，通过建立不同条件下的基本守恒方程（包括质量、动量、组分及能量方程等），结合边界条件、初始条件和数值计算方法，描述真实扩散过程中不同场的分布情况，如温度场、速度场、浓度场等，实现对整个扩散过程的描述。

CFD 的求解工作过程和基本计算思路都是大致相同的，其总体计算流程可用图 6-3 表示。

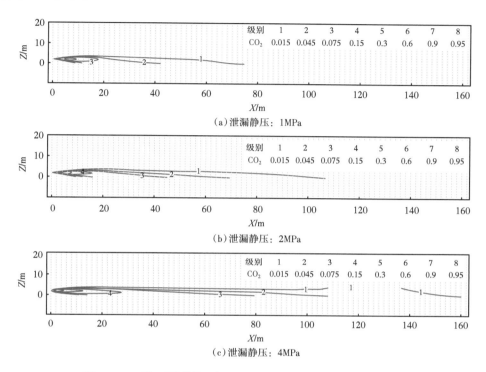

图 6-3　三种不同泄漏压力下 $Y=0m$ 平面上 CO_2 质量浓度分布

（1）建立控制方程。

建立控制方程，是对任何问题进行求解的前提。如果是进行一般流动问题的求解，可直接建立控制方程式。

（2）确定边界条件与初始条件。

在研究任何问题时，都必须给出其边界条件。边界条件是计算区域边界随时间和地点变化的各种参数。而初始条件则是计算区域内在运算初始时各求解变量在空间的分布情况。

（3）划分计算网格。

对控制方程进行数值方法的求解，实质上是对控制方程进行离散，从而求解得出离散方程组。首先要进行网格的划分。

　　网格分为结构网格和非结构网格，结构网格往往在空间区域很规范，其网格是成行成列进行分布的，有显著的行线和列线；非结构网格的行线和列线并不显著。

　　数值模拟可以实现对于不同条件下泄漏扩散的结果预估。CCUS 项目数值模拟选取 Fluent 软件，Flunet 中有两种解法：分离解法和耦合解法，分别对应 Fluent 的分离求解器（Segregated Sovler）和耦合求解器（Coupled Sovler）。耦合解法又分为显式解法（Explicit）和隐式（Implicit）解法。分离解和耦合解方法的区别在于求解方程的步骤不同，分离解方法是按顺序解，耦合解方法是同时解。隐式解法和显式解法的区别在于线化耦合方程的方式不同。隐式解法耦合了流动和能量方程，收敛速度较快。但耦合隐式解法所需要内存大约是分离解的 1.5~2 倍，综合考虑模拟需求与计算机硬件条件，选择耦合隐式解法。工程实际中最为常用的是数值模拟中的两方程模型。两方程模型中最基础的是标准 $\kappa—\varepsilon$ 模型，就是通过分别引入 κ、ε 的计算模型方程。标准 $\kappa—\varepsilon$ 模型有较高的稳定性、经济性和计算精度，应用广泛，适合高雷诺数流动。此处模拟的硫化氢泄漏的泄漏量小，可看作是不可压流体，因此使用标准 $\kappa—\varepsilon$ 模型。

　　选取解法与计算模型之后，在 CCUS 项目的泄漏模拟部分，根据管线泄漏气源是否持续存在分为主动扩散和被动扩散两个阶段。主动扩散阶段的模拟结果见表 6-2；在泄漏管线关闭后，泄漏的气云将在惯性和风力的作用下进入被动扩散状态，被动扩散稳定场的结果如图 6-4 所示。

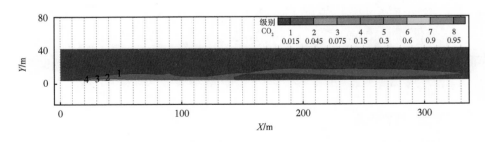

图 6-4　Z=2.0443m 平面上被动扩散稳定浓度场（泄漏静压：4MPa）

表 6-2　不同泄漏压力主动扩散对照

参数		模拟结果		
泄漏压力 / MPa		4	2	1
泄漏质量流量（半面积）/（kg/s）		42.96301	21.4815	10.74072
最大膨胀速度 /（m/s）		615.3741	582.4481	519.5389
侧向最大扩散半宽 /m	体积分数 1%[①]	9	6.4	4.3
	体积分数 3%[①]	3	1.85	1.56
	体积分数 5%[①]	1.75	1.2	0.96
	体积分数 10%[①]	0.9	0.66	0.46
纵向最大扩散距离 /m	体积分数 1%[①]	145	85	54
	体积分数 1%[②]	160	107	74
	体积分数 3%[①]	67.5	36.2	22.9
	体积分数 3%[②]	108	70	42
	体积分数 5%[①]	39.5	26	16.26
	体积分数 5%[②]	79	45	17.5
	体积分数 10%[①]	24.5	15	9.18
	体积分数 10%[②]	27	15.8	9

①表示平面 Z=2.0443m 上的试验值。

②表示平面 Y=0m 上的试验值。

　　根据模拟结果分析，得到以下 CO_2 管线泄漏安全防护结论：扩散经历射流和被动扩散两个阶段，射流情况下，1% CO_2 浓度在下风向可达到 160m 以上，扩散稳定后 1% CO_2 浓度在下风向可达 330m 以上，在工程应用中，此情况下的吉林油田安全防护距离应不小于此值。

　　根据前期实验与数值模拟研究，结合吉林油田 CO_2 驱地面系统的实际，确定的建议安全卫生防护距离见表 6-3。

表 6-3　吉林油田含 CO_2 天然气藏开发和 CO_2 驱建议安全卫生防护距离

事故情形	伤害类型	计算安全距离 /m	安全系数	建议吉林油田安全防护距离 /m	注意事项
瞬时泄漏	爆炸	21	2.0	45	此区域内严禁烟火
	窒息	体积分数 10%：32	1.5	50	此为下风向距离，上风向可缩小 20%，四周疏散
		体积分数 5%：52	1.5	80	
		体积分数 1%：163	1.5	250	
连续泄漏	爆炸	21	2.0	45	此区域内严禁烟火
	窒息	体积分数 1%：33	2.0	60	此为下风向距离，上风向可缩小 20%，四周疏散
CO_2 管线破裂泄漏	窒息	体积分数 10%：42	1.5	65	此为下风向距离，上风向可缩小 20%，四周疏散
		体积分数 5%：85	1.5	140	
		体积分数 1%：330	1.5	500	

注：CO_2 的窒息性：1%，安全；5%，短时耐受，需配自主式空气呼吸器；10%，死亡区，仅专业应急人员配备救生设备进入。

第二节　CCUS-EOR 项目数字化工控安全技术

伴随数字化转型的逐步推广、国家对工业管控和数据资产的日益重视，CCUS-EOR 项目地面工程实施要求配套建设数字化、自动化和智能化应用，完善特殊流体全链条的数据库建设，作为逐步提高介质相态分析和数据建模应用的基础。考虑 CO_2 介质具有高压、低温、凝冻、窒息生产特点，现场安全管控和技术管理要求高，为了合理开发、科学管理，提高 CO_2 注入与采出系统的可靠性，保证人身、设备安全、平稳运行及保护环境，为 CCUS-EOR 项目地面工程提供一套安全、可靠、先进的工业控制系统十分重要。既可以实现全流程的数据采集监控，分析设备和工艺流程的运行情况，统一调度和管理，减轻操作人员的工作强度，又能保证运行平稳、生产安全和产品质量，提高社会效益和经济效益。

随着计算机和网络技术的发展，特别是信息化与工业化深度融合以及物联网的快速发展，工业控制系统产品越来越多地采用通用协议、通用硬件和通用软件，以各种方式与互联网等公共网络连接，容易使木马等病毒威胁接入到系统内，对系统运行进行干预，形成生产事故和重大事故，对 CCUS-EOR 的地面工程全系统带来的危险和影响几乎是不可想象的。为了保证生产安全、过程生产连续不可间断的高可靠性，要求控制网络具备更高的安全性。

一、现状及挑战

我国工业控制系统起步较晚，但发展迅速，油气田行业应用广泛的数据采集与监控系统（SCADA）在核心技术国产化实验和应用上取得了显著的成果，但大型离散控制系统（DCS）和可编程逻辑控制器（PLC）等技术水平依旧低于国外先进水平。随着技术的发展和进步，越来越多的工业控制网络由封闭私有转向开放互联，在享受着 IT 带来的益处的同时，设备、软件等接到互联网上容易遭受攻击，传统的工控安全方案无法应对全新的需求。工控安全管理工作中存在的问题主要是对工业控制系统的信息安全问题重视不够、管理制度不健全、相关标准规范缺失、技术防护措施不到位、安全防护能力和应急处置能力不高等，威胁着工业生产安全和社会正常运转。

目前 CCUS-EOR 项目地面工程的工控系统主要依托于较为封闭的专网，仅内部相互调用，实现了严格的网络分区和物理隔离，很大程度地避免了网络攻击的发生，但是随着分布式、开放式互联网的兴起，各个厂家配套工控系统多样化，使得不同系统通过不同接口实现了数据交互，未来海量的用户还将依托无线终端进行信息互动。虽然实现了信息流和数据流的深度融合，但同时也提高了工控安全的风险，某个小环节失效，会导致整个工控系统的控制失效，甚至造成生产事故。

工业控制系统的安全防护需要从每一个细节进行考虑，从现场 I/O 设备、控制器，到操作站的计算机操作系统，工业控制网络中同时存在保障工业系统的工业控制网络和保障生产经营的办公网络，考虑到不同业务终端的安全性与故障容忍程度的不同，对其防御的策略和保障措施应该按照等级进行划分，实施分层次的纵深防御架构，分别采取不同的应对手段，构筑从整体到细节的立体防御体系，才能真正实现工控安全。

二、目标

按照网络安全"七分管理、三分技术"的理念，以管理为根本、技术为保障、考核为手段全面推进 CCUS-EOR 项目地面工程的数字化工控安全建设。工控系统投入使用后，应按照相关规范要求对各个系统可能存在的安全漏洞进行分析，并提交安全漏洞技改措施。根据《信息安全等级保护管理办法》《信息安全技术信息系统安全等级保护基本要求》等法规和标准的要求，确定安全等级。按照公安部要求进行等级测评。通过测评，准确反映以上系统的安全防护能力现状，对发现的问题进行深入分析，提出安全整改建议，最终出具信息系统等级保护测评报告，根据建议和要求，建设纵深防御、立体防御、态势感知数字化工控安全体系。立足总体安全管控架构和要求，分区、分域部署。建立区域安全访问策略，对进出系统的各种信息动态监测、全面感知、实时审计。

三、主要内容

1. 工业控制系统

工业控制系统主要由控制机构、传感机构、执行机构和接口部件等部分组成，通过工业通信线路按照一定的协议集成到一起，形成具有自动控制功能的生产系统，能及时掌握生产环境、物料情况、生产进度等。CCUS-EOR 项目中地面工程的工业控制系统自动化程度高，过程数据实时监测，动态控制实时调节，主要包括以下内容：

（1）CCUS-EOR 项目中地面工程建设中的数字化工业控制系统是由各种自动化控制组件和实时数据采集、监测的过程控制系统构成，包括数据采集与监控系统（SCADA）、基本过程控制系统（BPCS）、集成控制系统（ICS）、离散控制系统（DCS）、可编程逻辑控制器（PLC）和远程终端（RTU），以及确保各组件通信的接口技术。按照规模和特性，分别运用于注入站场、集输站场、注入采出井等地点，用于控制关键生产设备的运行。典型的控制过程通常由控制回路、HMI、远程诊断与维护工具三部分组件共同完成，控制回路用以控制逻辑运算，HMI 执行信息交互，远程诊断与维护工具确保工业控制系统能够稳定持续运行。

（2）CCUS-EOR 项目中地面工程建设中的智能管控平台是基于数字孪生体及工业互联网平台建设，采用物联网、大数据、云计算、人工智能等新兴技术，实现地面工程"全数字化移交、全智能化运营、全业务覆盖、全生命周期管理"，构建具备"全方位感知、综合性预判、一体化管控、自适应优化"能力的智慧互联大平台。

①数字化交付。

数字化交付平台采用微服务架构技术构建，数据编码和标准存储等核心组件应采用自主知识产权和技术秘密，实现平台架构和数据资产的开放透明，降低运维成本。结构化数据和非结构化数据采用专用软件进行采集（含伴随式采集 APP），半结构化数据（三维设计模型、施工变更模型、竣工模型）采用轻量化引擎进行采集。数据采集覆盖设计、采购、施工、监理、检测、监测、质量监督和业主管理等参建单位，数据采集方式包括接口采集、模板导入和手工录入等模式。数据标准化中的数据审核在建设过程中需要专人人工完成，数据的清洗和对齐采用人机交互作业完成，数据的编码采用数字化交付平台内置软件完成，编码规则及安全管理满足相关技术规范的要求。数据交付采用数据中台技术，将智能应用与标准存储、供数方隔离开，以确保智能应用所需要的数据、组件和服务；采用标准接口，通过单向网闸或专用平台调取动态数据。数据存储中的临时存储、缓冲存储和标准存储均满足相关技术规范要求；标准存储满足数据标准可内嵌、可配置、可维护的使用方后期使用和管理功能，采用开源异构数据库构建。数字化交付系统主要分为数据采集子系统、数据存储子系统、数据交付子系统和数据管理子系统。数据采集子系统是平台对外数据的唯一入口，对接设计类、采购类和施工类的业务数据；数据存储子系统是核心能力区，将数据转化为结构化数据和结构化图形；数据交付子系统主要是系统对外数据交付、对外服务交付和组件交付的统一接口，承上启下，打通系统和业务的数据通道；数据管理子系统是系统整体运维和监控的核心区域，实时监控，发现和纠正错误和故障，调整跟踪数据服务支持，借助完善的授权机制保障数据的安全性。

②智能应用方面主要包括：

a. 地面工程数字孪生构建是以三维设计模型为基础，关联实体对象全生命周期多种属性的数字镜像。该镜像用于支持可视化的业务管理系统、实体对象的全生命周期管理系统、以设备运行异常监控为目的的智能仿真系统等。

b. 采购和施工可视化管理基于全专业三维协同设计成果，通过建设过程中各类工程建设信息与高精度施工模型结合，并开展计划与实际进度分析比对，实现采购和施工的进度智能管理。

c. 工程材料管理和智能仓储通过流程化及自动化的手段监控设计、采买、物流、入库及出库分发环节。通过二维码及 RFID 等方式实现信息的采集。

d. 智慧工地和安眼工程。利用大数据分析功能、图像对比分析、工业场景预警模型学习等技术，建设视频监控、设备设施预警、物联网监控、高风险作业管理、危化品及重大危险源监测等功能，通过数据多维分析与可视化展示，实现对施工现场和生产现场的风险智能识别、主动预警与闭环处置，全面实施重点领域风险防控，提升本质安全环保水平。

e. 智慧站场巡检系统。通过调取站场工控系统、物联网、激光云台、可燃气体报警系统、火灾报警系统、仪表远维系统、安防系统等系统平台数据进行分析、比对，形成智能巡检报表的一种软件系统。

（3）CCUS-EOR 项目地面工程中站场内建设的其他工业系统还包括：

①可燃/有毒气体报警系统（GDS）：依据国家和行业标准关于气体浓度报警系统的要求，在室内外工艺装置区设置气体浓度报警探头，当介质泄漏达到一定浓度即发出声光报警，同时与其他工业控制系统联锁，避免因泄漏造成的危险发生，主要原理包括红外式、催化燃烧式、电化学式等。

②火气监控系统（FGS）：简称火气系统，系统采用冗余结构，具备自检和故障报警功能，满足可靠性和稳定性，针对火灾和气体探测的安全管理，通过对现场的消防按钮、烟、火、可燃气体、有毒气体的检测信号的采集，经过软件逻辑输出来控制报警灯、报警铃、雨淋阀、泡沫阀，以及空调系统的新风入口阀等。火气系统由现场检测元件、逻辑控制器、执行元件、模拟报警盘及不间断电源组成。

③安全仪表系统（SIS）：安全仪表系统主要用于使工艺过程从危险的状态转为安全的状态，保障 CO_2 驱相关站场能够在紧急的状态下安全地停车，同时使系统安全地与外界截断，不至于导致故障和危险的扩散。安全仪表系统按照故障安全型进行设计，系统主要由检测仪表、控制器和执行元件三部分组成，其安全度等级应以保护层分析和 SIL 评级为基础确定 SIL 等级，在设计阶段进行确定。

④工业电视监控系统：为满足生产指挥调度、安全环境监控、应急抢险而设立的高清工业视频监视系统。以计算机、服务器、磁盘存储阵列、高清摄像前端、软件为核心，可实现视频图像网络监控和管理。通过设置高清红外摄像头实现全天候实时在线监控、实时录像、历史图像调阅、事件报警及存储、智能画面图像分析，画面灵活分割和组合，图像实时监控采用高清图像画质。

⑤周界入侵报警系统：在站场周围设置探测器，与工业电视监控系统联动，实现闯入检测和实时报警，主要原理包括红外激光对射、振动光缆、AI 摄像机虚拟周界等技术。

⑥门禁系统：设置智能门禁管理系统，安装配套管理软件。门禁终端设备及磁力锁安装在大门处，可实现授权人员凭门禁卡开启大门，未经授权的人员通过门禁申请，并将面部视频图像传输到中控制管理平台进行视频通话，经人工确认后决定是否开启大门。对进出站人员出入进行智能化管控。

（4）地面工程中管道泄漏检测系统主要使用音波法和分布式光纤检测法：

①音波法主要有负压波方法和次声波方法。管道破裂时，管内高压流体由

破裂处喷出，泄漏点压力密度减小，周围介质向泄漏点流动，由于介质与管壁的相互作用，产生一个高频的振动噪声，以应力波的形式沿管壁传播。利用泄漏产生的应力波到达上、下游测量点的时间差，以及应力波在管道中的传播速度，可以确定泄漏位置。负压波方法测量对象是管道运行压力波的绝对量，适用于充满管道的液体管线。次声波是频率小于 20Hz 的声波，特点频率低、衰减小、速度稳定、传播距离远，它比一般光波、声波、无线电波传输距离都远。测量的对象是管道运行压力的变化量，适用于压力运行的气体管线。

②根据分布式光纤检测法，管道设置了光纤管线泄漏监测系统，包括监测媒介和监测主机。利用通信光缆中对管道周围土壤进行温度监测。基于拉曼散射光测温及时域反射（OTDR）定位原理，管道中输送的 CO_2 泄漏会引起泄漏点附近环境温度的变化，该处管道光纤监测温度下降，系统会与管道前期温度进行比较。如果超过设定温度变化值，则可判断管道泄漏，脉冲光信号在光纤中传输时，在不同位置产生的后向散射光沿光纤达到探测器的时间不同，将后向散射光到达探测器与发出光脉冲的时间差乘以光在光纤中的传输速度再除以 2，即可得到散射点在光纤上的位置，对泄漏进行定位。

2. 通信网络

通信网络选用技术先进、性能可靠、安全环保的通信产品，建设高效、可靠的通信系统，满足地面工程数字化建设、数据管理、图像监控等通信业务的需求，主要用于数据传输、电话通信、视频传输、会议系统和工业电视等内容。

工业控制系统的通信网络是多层次的，覆盖的区域包括局域网和广域网，现场主要采用各类数字信号、总线协议和部分短距离的无线通信，各类智能检测仪表一般都配有串口通信，支持 Hart 协议通信，监控层主要以各类工业以太网为主，配备以太网通信和串口通信等多种方式。管理层主要是自建或租用的商用以太网。

目前针对地面工程常用的通信方式包括有线传输（光纤、电缆、网线）和无线传输（公网 4G、无线网桥、NB-IOT、Lora、Zigbee、WIA-PA 等）两种。而常用的通信系统架构在考虑经济性和实用性时，经常会同时使用两种方式，导致通信系统和通信协议复杂，连接设备多种多样，安全管控难度大大增加。

3. 安全风险管理

面对日益严重的安全隐患以及发生安全事故造成的严重后果，加强工控系统的风险识别和对应防护技术研究，保障 CCUS-EOR 项目中地面工程工控系统平稳运行。数字化工控系统主要的安全风险一般被分为管理程序策略类、系统控制类和通信网络类。

（1）管理程序策略类风险是比较常见的安全风险，主要体现在程序策略文件缺失，安全风险主要包括：

①系统整体架构安全设计不足，无法将安全特性集成到工控系统中。

②安全管理机制和安全审计机制缺失，无法将管理程序落实到实际运行中。

③安全策略和程序文档的缺失和不匹配等，主要包括由没有书面具体、科学合理的安全策略或程序文档、没有正式的安全培训程序、没有明确的配置变更管理程序等引起的安全风险。

（2）系统控制类风险主要来源于系统硬件、操作系统软件和应用软件，主要集中在程序缺陷、系统配置不当和系统维护不当，其安全风险主要包括：

①系统硬件上线运行前测试不充分、物理保护措施不足、未授权用户接触修改设备、远程访问系统、接入未授权的网络、无备用电源和冗余备份设置等引起的安全风险。

②由操作系统和通用软件因安装补丁不及时、上线测试不充分、使用缺省配置、关键配置无备份、密码策略不足、没有访问控制措施等引起的安全风险。

③由上位机软件存在溢出漏洞、未开启防护、非法定义操作命令、不安全的控制协议、软件配置相关身份认证和访问设计不足、没有入侵检测设备、日志和安全事故未及时发现等引起的安全风险。

④由防护软件未安装和未及时更新造成的安全隐患。

（3）通信网络类的危害最严重，具体可从网络设备、网络配置、网络链路、网络监控和记录等方面总结分析安全风险，主要包括：

①由网络设备物理防护不足、权限配置不正确、具备不安全的接口、未授权的接入等引起的风险。

②由网络配置主要指安全参数设置不当、未保存或备份配置文件、未定期管理口令和密码等引起的安全风险。

③网络链路方面的安全风险主要包括系统间的通信链路未加密、认证手段配备不足、网络边界定义不清、边界防护墙设置不当、与其他应用共用链路，没有设置专门的通信协议，部分还具有由无线接入不当和身份认证不科学引起的安全风险。

④网络监控和记录方面主要指由缺乏日志审计无法分析原因、未设置安全监控、忽视已发生的事故等引起的安全风险。

四、具体技术

1. 防护体系

根据等级保护的评价和确认，按照规范要求总体规划，单体主要包括生产服务器区、外部边界区、管理区、办公网、生产网、虚拟专用拨号网（VPDN）、视频、站控等功能区域，各区域之间统一部署网络安全设备、设置网络安全策略。根据工业控制系统中业务的重要性、实时性、关联性，对现场受控设备的影响程度，以及功能范围、资产属性等形成不同的安全防护区域，并通过工业防火墙进行边界防护，有效地建立"纵深防御"策略。各区域之间隔离和访问控制有两种实现方式：通过不同的虚拟局域网（VLAN）实现各子域数据流的相对隔离；通过部署工业防火墙提供边界隔离和访问控制，建立安全防护策略，有效隔离两区域间相互干扰或影响。工业防火墙支持多种工业协议及自定义协议，便于控制域间业务，阻断以往非法的业务通信和恶意威胁传播，更好地将安全风险控制在独立区域内，减少整体被攻击的概率。

2. 边界防护技术

涉及实时控制和数据传输的工业控制系统，应使用独立的网络设备组网，在物理层面上实现与其他数据网及外部公共信息网的安全隔离。工业控制系统与企业其他系统区域之间采用单向的技术隔离手段，可以对数据包的源地址、目的地址、端口号和协议等进行检查，以允许或拒绝数据包出入。通过输入访问限制和隔绝等技术分割网络，防护来自外部网络的入侵行为，从而提高网络边界完整性保护能力。并按实际的业务需求，采用最小化原则，配置访问控制策略，对数据访问进行细粒度的访问控制，对消息来源、用户、设备身份进行鉴别，根据安全策略对接入进行访问控制，从而保障工业控制系统运行的安全性。禁止任何穿越区域边界的非授权访问，并且能够在工业控制系统内安全域和安全域之间的边界防护机制失效时，及时进行报警。

在物理链路上通过双链路实现链路冗余，在安全防护上部署工业防火墙、入侵防御等设备实现边界安全防护。通过入侵防御对攻击行为（如端口扫描、强力攻击、木马后门攻击、拒绝服务攻击、缓冲区溢出攻击、IP 碎片攻击和网络蠕虫攻击等）进行检测，当发现入侵事件提供拦截式响应。利用网络边界准入平台对入网设备进行管控，通过授权仅允许合规设备接入。

3. 状态感知和预警报警技术

入侵检测系统是防火墙的补充，依托分析签名法、统计分析法及数据完整性分析法等技术，帮助系统对付网络攻击，扩展安全管控能力，提高基础结构的完整性，从若干个关键节点提取信息，分析检测是否有违反策略的行为和遭受袭击的迹象，从而进行切断连接、记录时间和报警等。入侵检测系统配置简单、管理方便，不需要人工干预即可不间断运行，不占用资源，适应系统的长期变化。

部署态势感知设备主要针对传统安全防御体系失效的风险，全面感知网络安全威胁态势，洞悉网络及应用运行健康状态，通过全流量分析技术实现完整的网络攻击溯源取证，帮助安全人员采取针对性响应处置措施。能够及时发现各种攻击威胁与异常，具备威胁调查分析及可视化能力，可以对威胁相关的影响范围、攻击路径、目的、手段进行快速判别，从而支撑有效的安全决策和响应，能够建立安全预警机制，来提高风险控制、应急响应和整体安全防护的水平。

部署漏洞扫描，对生产网服务器、网络设备、安全设备进行定期扫描，对各类网络资产中的漏洞风险全面识别，进行风险评估，识别安全漏洞和隐患，为管理员提前发现漏洞进行整改提供依据，并满足保护的政策要求。

4. 工业安全审计技术

工业安全审计系统是运用各种监控手段，实时监控系统环境中的网络行为、通信内容，以便收集、分析、报警和处理，包括日志安全审计、主机安全审计、网络安全审计和合规性审计等。工业安全审计技术可以对系统进行全面细粒度的网络审计，同时进行综合流量分析，为系统资源管理提供可靠的策略支持。它可以实时安全保健，记录关键时间，提供可集中处理的审计日记，提供给安全管理员一套简易的分析工具，利用审计结果调整安全策略，堵住安全漏洞。

CCUS-EOR 项目中地面工程数字化系统由安全管理中心集中管理，对工业控制系统的网络边界、重要网络节点的相关安全事件及操作进行审计，应对审计记录进行保护，定期备份，支持对审计信息进行汇总、关联分析等。审计覆盖到每个用户，对重要的用户行为和重要的时间进行审计：

（1）审计记录应包括时间、用户、时间类型、事件是否成功及其他与审计相关的信息。

（2）应对审计记录进行保护，定期备份，避免受到未预期的删除、修改或覆盖等。

（3）应对审计进程进行保护，防止未经授权的中断。

（4）应确保审计记录的留存时间符合法律法规要求。

（5）应能对远程访问的用户行为、访问互联网的用户行为等单独进行行为审计和数据分析。

5. 恶意代码防范

针对 Windows 平台的防范主要在于物理安全、关闭访问、设置密码、运行杀毒软件和入侵侦测、关闭不要的端口和服务、备份敏感文件、关闭默认贡献、锁住注册表、加密 Temp 文件、运行漏洞安全扫描工具等。

采用"白名单机制"从防护原理上杜绝了实时访问互联网，定期查杀这两个不适合工业领域的硬伤。"白名单"内的软件可以放心使用，"白名单"外的软件会在启动之前被拦截，提升了主机安全防护能力和合规管理水平。

6. 保密及认证技术

针对数据保存的安全管控主要进行保密管控和访问认证管控：

（1）保密工作的控制：保证运维人员稳定性，与相关人员签订保密协议，针对网络设备、系统、数据库的配置参数及口令管理，由运维人员统一配置参数及口令密码。数据传输过程中对关键数据进行加密，数据存储过程对关键数据加密。

（2）外部访问的控制：管理系统为不同角色设置不同的访问权限，严格管控，同时进行多种用户认证手段，要求进行身份鉴别，同时提供两种以上的鉴别技术来进行身份鉴定，且其中一种鉴别技术至少应使用动态口令、密码技术或生物技术来实现。重要主机设备在启动并接入工业控制系统时，应先在安全管理中心进行设备身边的标识，在工业控制系统的整个生命周期要保持设备标识的唯一性。

（3）内部访问的控制：将不同资源的管路权合理分配，定期进行访问的审计和事后监督机制。加强涉密数据的管控。

第七章　CCUS-EOR 项目经济风险管控

CCUS-EOR 项目经济效益受内部和外部多种条件制约，影响较大的因素一般是油气销售价格、油气产量、经营成本和建设投资。其中油气销售价格不可控，在 2006 年及 2020 年均出现国际油价暴跌局面，但目前形势较好，国内原油进口量在每年 $5×10^8$t 以上，为保障能源安全，要保持 $2×10^8$t 稳产目标，市场的刚需会使未来油价处于较高水平，所以风险管控的重点在于防范和应对投资、运行成本、产量等情况所带来的影响[1-4]。

第一节　CCUS-EOR 项目投资风险控制

本节主要分析 CCUS-EOR 项目投资方面对项目经济效益影响程度，并提出应对措施，规避投资风险，提高经济效益。

1. 风险分析

CCUS-EOR 项目具有高投资、高风险的特点，即使对于一定规模的工业化推广项目来说，单位增油所需投资也在 500 元/t 左右。与常规产能项目不同的是，由于注气需要压缩机等设备及流程改造，地面系统投资所占比例较大。以 DQZ 油田 CCUS-EOR 一期方案为例，方案建设投资 11.2 亿元，其中地面投资 5.7 亿元，占比 51%，单位增油量建设投资为 455 元/t。在 45 美元/bbl 油价、外购碳价 103 元/t 下，项目增量税后内部收益率 6.33%，此时投资增加 2.5% 即达效益边界，存在效益不达标风险。

2. 应对措施

（1）推进市场化运作，通过招标或总包方式降低新井工程费用。

（2）集约化大平台建井，大幅节约土地费用，且便于管理。

（3）优化简化地面工艺流程，设备国产化、橇装化。

（4）依靠技术创新，不断降本降耗。

通过以上多措并举，投资降低 10%，增量收益率可提高 1.43 个百分点，大大提高方案经济效益及抗风险能力。

第二节　CCUS-EOR 项目运行成本风险控制

随着 CCUS-EOR 技术规模化应用，在驱油和埋存 CO_2 的生产过程中消耗大量运行费用，同时碳源的获得本身就是一笔巨大的成本支出。本节主要分析 CCUS-EOR 项目运行成本方面（主要是注气成本）对项目经济效益影响程度及应对措施。

1. 风险分析

CO_2 注气全成本（含井口碳价及注入费）在 CCUS-EOR 项目增量操作成本中占比约 50%，是影响项目经济效益的重要因素。还是以 DQZ 油田 CCUS-EOR 一期方案为例，方案增量单位操作成本 1230 元 /t，其中注气成本为 617 元 /t，占比 50%。在 45 美元 /bbl 油价、外购碳价 103 元 /t 下，项目增量税后内部收益率 6.33%，碳价边界为 110 元 /t，远低于目前市场碳价，存在效益不达标风险。

2. 应对措施

（1）争取国家政策支持，将驱油与减排纳入碳交易体系，若考虑 CO_2 埋存的潜在效益，按照碳税征收价格 2025—2029 年 100 元 /t CO_2、2030—2034 年 200 元 /t CO_2、2035 年及以后 300 元 /t CO_2 计算，将埋存 CO_2 减少的碳税作为潜在效益纳入"增量"净现金流，计算增量投资的财务内部收益率为 11.70%，说明征收碳税对项目的经济效益有非常大的影响。

（2）加强碳捕集技术攻关，降低捕集成本，同时争取地方政府在碳源捕集、运输、埋存政策补贴，进一步降低碳价，当井口碳价按 0 元 /t 计算时，项目内部收益率为 11.14%，项目经济收益得到进一步保障。

第三节　CCUS-EOR 项目产量风险控制

产量是油田企业的根本，是创效的基础，CCUS-EOR 项目效益实施的关键在于提高采收率达到预期，本节主要分析 CCUS-EOR 项目运行成本方面（主要是注气成本）对项目经济效益影响程度及应对措施。

1. 风险分析

CCUS-EOR 项目主要收益来源于利用 CO_2 驱油提高的产量增量，相同的投资和成本、同等的注入规模，增产量越高则效益越好，换言之，即换油率与经济效益成正比关系。以 DQZ 油田 CCUS-EOR 一期方案为例，方案换油率为 0.39t 油 /t CO_2。在 45 美元 /bbl 油价、外购碳价 103 元 /t 下，项目增量税后内部收益率 6.33%，此时产量降低 1.1% 即达效益边界，存在较大的效益不达标风险。

2. 应对措施

（1）深化油藏认识，优选潜力区块，提高增油效果。

（2）加快技术攻关，突破技术瓶颈，通过优化注入参数及压裂改造，进一步提高采收率。测算结果表明，产量提高 10%，增量收益率可提高 6.43 个百分点，对项目收益影响很大。

第四节　CCUS-EOR 项目其他风险控制

CCUS-EOR 项目还存在很多不可控及不可预测的风险，此时的经济效益风险只能通过不确定性分析来提出预警及定量评价，项目决策和执行部门可根据不确定性分析结果制定相应对策规避可能产生的风险。不确定性分析包括盈亏平衡分析、敏感性分析和情景分析。

1. 盈亏平衡分析

盈亏平衡分析是指通过计算项目达产年的盈亏平衡点（BEP），分析项目成本与收入的平衡关系，判断项目对产出品数量变化的适应能力和抗风险能力。盈亏平衡分析只用于财务分析。

盈亏平衡点的表达形式有多种。根据油气开发投资项目的特点，在项目评价中最常用的是以生产能力利用率和产量表示的盈亏平衡点，按式（7-1）计算：

$$BEP_{生产能力利用率} = \frac{固定成本}{（营业收入-可变成本-营业税金及附加）} \times 100\% \qquad （7-1）$$

$$BEP_{产量} = BEP_{生产能力利用率} \times 设计生产能力$$

由于油气开发投资项目油气产量具有递减性，每年的盈亏平衡点都不一样，正常生产年份的盈亏平衡点不具有代表性，因此可通过计算生产运营期内的整体盈亏平衡点进行盈亏平衡分析。盈亏平衡点也可利用盈亏平衡图求取（图7-1）。

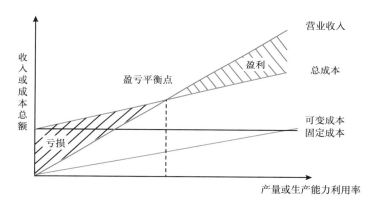

图 7-1　盈亏平衡图

2. 敏感性分析

通过分析不确定因素发生增减变化时对财务分析指标的影响，并计算敏感度系数和临界点，找出敏感因素。

敏感性分析包括单因素和多因素分析。单因素分析是指每次只改变一个因素的数值来进行分析，估算单个因素的变化对项目效益产生的影响；多因素分析则是同时改变两个或两个以上相互独立的因素来进行分析，以估算多因素同时发生变化时对项目产生的影响。为了找出关键的敏感性因素，通常只进行单因素敏感性分析。

（1）单因素敏感性分析。根据油气开发投资项目的特点，通常选择油气销

售价格、油气产量、经营成本、投资等对项目效益影响较大且重要的不确定性
因素作为敏感性因素，变化的百分率为 ±5%、±10%、±15%、±20% 等；选
取的效益指标以项目财务内部收益率为主，必要时也可分析其他指标，如净现
值、投资回收期等。敏感性分析结果可通过敏感性分析表或敏感性分析图表示
（图 7-2 和表 7-1）。

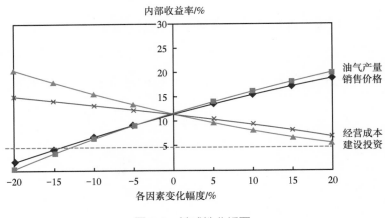

图 7-2　敏感性分析图

（2）敏感度系数（S_{AF}）是指项目效益指标变化率与不确定性因素变化率之
比，计算公式为

$$S_{AF} = \frac{\Delta A / A}{\Delta F / F} \qquad (7-2)$$

式中　S_{AF}——评价指标 A 对于不确定性因素 F 的敏感系数；

　　　$\Delta F/F$——不确定性因素 F 的变化率；

　　　$\Delta A/A$——不确定性因素 F 发生 ΔF 变化率时，评价指标 A 的相应变化率。

$S_{AF} > 0$ 表示评价指标与不确定性因素同方向变化；$S_{AF} < 0$ 表示评价指标与
不确定性因素反方向变化。$|S_{AF}|$ 较大者敏感度系数高。

（3）临界点是指不确定性因素的变化使项目由可行变为不可行的临界数值，
可采用不确定性因素相对基本方案的变化率或其对应的具体数值表示。采用何
种表示方式由不确定因素的特点决定。

临界点可通过试算法或公式求解，也可根据敏感性分析图求得，在敏感性分析图上以基准收益率为基点划一条水平线，水平线与各敏感因素曲线的交点即为该敏感因素的临界点，其所对应的横坐标值就是该因素变动的临界值。

（4）将不确定因素变化后计算的评价指标与基本方案评价指标进行对比分析，结合敏感度系数及临界点的计算结果，按不确定性因素的敏感程度进行排序，找出最敏感的因素，分析敏感因素可能造成的风险，并提出应对措施。

表 7-1　某方案敏感性分析表

序号	不确定因素	变化率 /%	内部收益率 /%	敏感度系数	临界点 /%	临界值
基本方案			8.89			
1	销售价格	-20	4.07	2.71	-42.23	2277
		-15	5.49	2.55		
		-10	6.72	2.44		
		-5	7.86	2.30		
		5	9.92	2.33		
		10	10.94	2.31		
		15	11.95	2.30		
		20	12.95	2.29		
2	油气产量	-20	1.16	4.35	-33.62	13
		-15	3.38	4.13		
		-10	5.39	3.94		
		-5	7.26	3.66		
		5	10.50	3.62		
		10	12.08	3.59		
		15	13.64	3.57		
		20	15.20	3.55		

续表

序号	不确定因素	变化率 /%	内部收益率 /%	敏感度系数	临界点 /%	临界值
3	建设投资	−20	16.32	−4.18	60.22	44862
		−15	14.12	−3.92		
		−10	12.17	−3.70		
		−5	10.44	−3.50		
		5	7.48	−3.17		
		10	6.20	−3.02		
		15	5.03	−2.90		
		20	3.95	−2.78		
4	经营成本	−20	12.28	−1.91	64.69	49112
		−15	11.46	−1.93		
		−10	10.62	−1.95		
		−5	9.76	−1.97		
		5	7.98	−2.04		
		10	7.05	−2.07		
		15	6.07	−2.12		
		20	5.03	−2.17		

3. 情景分析

情景分析是指针对影响项目效益较大的因素，设定具体的情景进行多情景的测算分析，如达产率、原油价格、单井产量等，可选取多种产量及价格水平下的效益测算。同时，项目在实际运行中，往往会有两个或两个以上的因素同时变动，这时单因素敏感性分析就不能反映项目承担风险的情况，因此，可同时选择几个变化因素，设定其变化的情况，进行多因素的情景分析，有利于决策参考。

>> 参考文献 >>

［1］许红，孙春芳，黄旭南，等 . 中国石油天然气集团公司油气勘探开发投资项目经济评价方法 ［M］. 北京：石油工业出版社，2017.

［2］刘斌 . 油气勘探开发经济评价技术 ［M］. 北京：石油工业出版社，2020.

［3］刘清志，谢忠刚，梁岩 . 石油技术经济学 ［M］. 东营：中国石油大学出版社，2017.

［4］付迪，唐国强，赵连增，等 . CCUS 全流程经济效益分析 ［J］. 油气与新能源，2022，34（5）：109-115.

第八章 CCUS-EOR 项目 QHSE 设计

CCUS-EOR 项目是一项涉及设备设施多、专业技术领域多、施工队伍多、人员密集的工程项目。在项目建设、生产运行过程中，存在高温、高压、火灾爆炸、中毒窒息等风险，必须要落实质量、健康、安全、环境（QHSE）相关管控措施，以保证安全生产。因此，按照国家建设项目"三同时"的要求，必须在项目设计时，同时设计 QHSE。本章主要阐述 QHSE 设计的要求和主要内容[1-12]。

第一节 CCUS-EOR 项目质量管理设计内容

质量管理主要包括 CO_2 驱项目建设、生产过程中涉及物料、设备、设施等相关产品质量要求；地面施工建设与生产维护的质量要求；井筒作业相关质量要求。通过严肃方案设计质量管理、强化过程监管、严格竣工验收，从源头控制 CO_2 驱项目建设质量，实现本质安全。

一、产品质量监督管理

1. 设计或采购计划内容要求

设计或采购计划内容合规合理，满足质量、安全和环保要求。

2. 采购合同中质量条款要求

（1）建设单位要在需求计划中提出明确的质量要求或技术条件，必要时签订单独的质量技术协议。

（2）采购合同中应明确质量标准、验收标准、包装要求、附带的质量证明资料（如合格证、使用说明书、检验报告、材质单等）、质量异议处理、质量责任承担等质量条款。

（3）进口设备合同应明确所购设备的原产地、制造商、主要部件材质要求、质量验收标准、包装运输要求，以及质量责任承担等质量条款。

3. 开展驻厂监造要求

（1）中国石油天然气集团有限公司要求产品开展驻厂监造。

（2）监造单位具备相应资质，满足实际需要。

（3）监造单位选商工作符合规定要求。

4. 对相关产品实施质量监检要求

（1）针对比较重要且生产现场就在油田所在地区域内的加工和制造产品，对重要生产工序和质量检测过程，应进行驻厂监检。

（2）针对数量较大且公司不具备检测能力的必检物资，应进行驻厂监检。

（3）针对需进行现场安装且安装过程中存在工艺施工的大型产品，应进行现场监检。

（4）实施现场监检的人员应符合相应资质和能力要求，监检流程符合制度和规范要求。

5. 质量管理要求

（1）对中国石油天然气集团有限公司（油田公司）规定的必检物资开展质量监督抽查，合格后方可办理入库手续。

（2）物资到货经资料及外观验收合格后，保管员（进库物资）或业务员（直达料）及时向质量管理部门报检。

（3）质量管理部门对报检信息认真审核后，对中国石油天然气集团有限公司（油田公司）规定的必检物资委托第三方法定质检机构进行检验。

（4）检测机构接到委托检验通知后，按照规定和标准要求进行现场取样，取样人员不能少于两人，保管员应配合取样。

（5）检测机构依据产品标准，严格按委托的项目进行检验，在规定的检验周期内完成检验，并出具检验报告。

（6）必检物资外委检验机构的选择，须经公司质量管理部门审批。

6. 质量问题及时按规定进行处理要求

（1）发现不合格及时上报。

（2）对不合格品单独标识，隔离储存。

（3）严格按照规定对不合格品进行处理，相关记录齐全。

7. 物资入库验收、储存和发放要求

（1）物资到库后，应根据物资的自然属性、理化性质、保管要求等，按照不同的材质、规格实行分区、分类储存，做好通风、防潮等工作，做到标识齐全，账物相符。

（2）物资存储时，质量状态标识清晰准确，随货同行的合格证、说明书、检验报告、材质单等原始资料应妥善保管。

（3）对于具有保质期的物资，应及时进行发放，确保物资在有效期内得到使用。

（4）对于库存物资要依据相关要求做好维护和保养工作，确保储存周期较长的物资满足质量、安全和环保要求。

（5）发现不合格或失效产品，及时做好标识，隔离存储，按相关规定进行处理。

（6）调用库存积压物资时，物资管理部门和使用单位要对其进行质量评价，必要时重新进行检验，合格后方可调用。

（7）物资发放时，保管员应认真检查物资质量，确认质量状况完好后方可发放。

（8）物资出库时，随货所附的产品合格证、使用说明书、材质单、质检报告单及安全、环保技术说明书等各种证明文件或技术资料必须配套发放。产品质量监督管理物资入库验收、储存和发放符合规定要求。

（9）必检物资必须经检验合格后方可入库发放使用，如确属生产急需，必须经过有效审批方可放行。

（10）建立产品质量后评价制度，基层单位产品质量问题反馈渠道畅通，将问题突出或集中的产品纳入监督抽查重点。

8. 施工队伍资质、人员资质、设备配备等要求

（1）施工队伍必须具备相应资质，资质注册、认证等在有效期内，并在资

质范围内进行施工。

（2）施工人员资质、配备等符合要求，资质注册、认证等在有效期内，并与实际相符。

（3）施工队伍的钻机、钻具、钻井液循环系统、发电机、井控设备等重点设备符合规定要求进行检测。现场消防设备是否配备齐全、符合标准并定期检查。

（4）特种设备、石油专用计量器具、应急物资、劳动保护等配备符合规定要求，注册、校准等资质在有效期内。

二、井筒质量监督管理

1. 方案和设计的编写要求

（1）各种方案、设计由公司专业部门、科研院所或二级单位进行编写，内容符合相关规定、标准及安全环保要求，并严格按照规定进行逐级审批。

（2）方案和设计中明确了关键质量控制点，并规定了明确的质量要求和防控措施：井眼轨迹设计应尽量避开复杂地层；井身结构应避免出现多压力系统在同一裸眼层，尽量控制裸眼段长度；固井方案中应明确套管柱设计原则；压裂方案设计应注重与钻井工程设计相结合，对深井、大斜度井、复杂结构井的油套管钢级及壁厚、水泥返高、施工参数等进行优化设计。

2. 各项现场资料的填写和编制要求

（1）两书一表作业计划书、指导书、现场检查表要有针对性，有相关人员确认签字。

（2）技术交底、应急演练等要符合现场实际情况，有相关人员确认签字。

（3）在人员教育培训方面，入场教育要有计划、有记录、有试卷、有成绩。

（4）相关数据资料和现场记录要录取及时、准确，符合规定要求。

（5）各类台账齐全并与现场实际相符。

3. 质量管理要求

（1）工程监督数量满足现场需求，配备了满足工作需要、现行有效的相关规章制度、标准和规范，了解项目的设计和合同等内容，监督计划中有明确的监督流程和质量要求。

（2）施工前，工程监督认真审查施工单位制定的质量保证措施和操作规程等技术文件，确保满足标准要求和实际需要。

（3）开工前，建设单位组织开展相关验收工作，确认施工设备、工具、井控及安全设施完好，安装与布置符合标准要求。

（4）施工过程中应严格控制井口装置、油管、套管和钻井液、油井水泥、压裂液、支撑剂等入井材料的质量，专业部门和建设单位应定期开展质量抽查工作。

（5）施工过程中，工程监督施工单位严格按照设计和操作规程进行施工，及时对施工过程中的各类技术数据进行跟踪分析，并做好记录，发现问题及时处理并汇报。

（6）钻井作业要重点对最大井斜角、连续三点全角变化率、最大井底水平位移、定向井目的层靶心半径、水平井全角变化率、水平井靶窗等指标进行控制。

（7）下套管作业应使用满足标准或厂家推荐的螺纹密封脂，使用带有扭矩记录的液压套管钳，并按厂家推荐最佳扭矩上扣。套管连接时应使用引扣器，严防错扣、碰扣，损坏密封面。表层套管下深应严格执行地质设计要求，确保有效保护地表水源。

（8）固井施工前，应核实前置液、配浆水、替浆液、水泥量、水泥浆试验数据和通井、套管数据及套管下入具体情况，施工过程中应连续监控注替排量、井口压力、水泥浆密度等施工参数。水泥返高应满足设计要求。

（9）测井作业应统计一次下井作业成功次数和射孔一次成功次数，确保成功率达到标准要求。进行测井解释层数统计，测井解释符合率应满足标准要求。对于井筒质量监督管理，建立健全监督机制，监督工作覆盖整个施工作业的全过程。

（10）对于录井作业，岩性剖面符合率、油气显示发现率、层位卡准率、油气层解释符合率、异常报告准确率、数据差错率应满足考核和验收评级要求。

（11）压裂施工前，应开展施工井及邻井地质研究；压裂施工中，应实时监测排量、压力、支撑剂浓度和邻井压力的变化；返排液回收应达到相关标准要求，排量和砂比与设计偏差一般应控制在 5% 以内。

（12）采用酸化、注 CO_2 等增产增注措施时，应考虑注入介质及注入压力对施工井段上部套管的影响，必要时，应采用封隔器保护、油套环空注入隔离液等保护措施。

（13）井下作业时，应严格遵守操作规范，严防抽油杆柱、管柱、井下工具、钢丝等卡、断、脱、落物等。

（14）施工过程中，工程监督要对关键工序进行旁站监督。

（15）施工过程中，工程监督对施工单位的违规行为及时按照规定进行处理并上报。

（16）竣工后，由相关部门或单位组织成立联合验收组，严格按照规定要求进行竣工验收，验收资料齐全、准确。

三、地面工程质量监督管理

1. 施工队伍资质、人员资质、设备配备等要求

（1）施工队伍必须具备相应资质，资质注册、认证等在有效期内，并在资质范围内进行施工。

（2）施工人员资质、配备等符合要求，资质注册、认证等在有效期内，并与实际相符。

（3）特种设备、计量器具等配备符合规定要求，注册、校准等资质在有效期内。

2. 方案和设计的编写要求

（1）各种方案、设计由公司专业部门、勘察设计院或相关单位进行编写，内容符合相关规定、标准及安全环保要求，并严格按照规定进行逐级审批。

（2）方案和设计中明确了关键质量控制点（如管线焊接、焊口检测、防腐补口、管线试压等），并规定了明确的质量要求和防控措施。

3. 专业部门质量管理要求

（1）重点工程项目初步设计已获批准，由于施工季节或施工节奏的特殊要求，在施工图纸没有完成的情况下，由基建工程处组织专业处室、建设单位、

设计单位、施工单位、监理单位、质监单位进行油气田地面工程建设项目的技术交底工作，由建设单位形成会议纪要。

（2）项目建设单位、施工单位、监理单位接到工程主体施工图纸三天内，由建设单位向基建工程处提出申请，由基建工程处组织并落实会议的时间和地点，同时由基建工程处组织专业部室、设计单位、建设单位、施工单位、监理单位、质监站等各单位，由项目总监理工程师组织图纸会审，施工单位做好图纸会审记录。

（3）需要更正设计图纸中个别错误或发生材料代用等情况时，经协商由建设单位出具施工联络单、材料代用单，经有效审批后方可实施。

（4）基建工程处负责由于工期、影响施工、消防建审等原因而产生变更申请的认证。

4. 建设单位质量管理要求

（1）建设单位必须根据工程特点和技术要求，制定合理工期。按照公司标准合同文本签订工程合同，合同中必须有质量条款，明确质量责任。

（2）工程开工前，建设单位负责审查、审批项目的施工组织设计、监理规划、无损检测施工方案和开工报告等技术文件。

（3）工程开工前，建设单位必须及时办理工程质量监督注册手续。

（4）建设单位组织施工单位对入场设备、材料质量进行检查并记录。

（5）建设单位组织相关科室会同监理单位对施工单位进行开工验收，并出具开工验收单，经监理单位审查合格后，由建设单位进行审批。

（6）建设单位对施工单位、监理单位、检测单位的工作质量进行监督检查和考核。

（7）施工过程中发生质量事故时，建设单位必须及时上报公司基建工程处和质量安全环保处。

（8）工程竣工后，建设单位组织设计、施工、监理等单位相关人员组成验收组，按规定进行竣工初步验收，查找问题并整改。

（9）初步验收合格后，由专业主管部门或建设单位及时组织相关人员组成验收组，按规定进行竣工验收，验收记录齐全准确。

5. 施工单位质量管理要求

（1）施工单位根据技术交底的会议纪要和工期要求，在一周内编制完成建设项目的施工组织设计，明确关键质量控制点，逐级进行技术交底，并按照规定进行有效审批。

（2）施工单位应严格按工程设计图纸和施工标准进行施工，不得擅自修改工程设计，不得偷工减料。

（3）施工单位在隐蔽工程隐蔽前，及时通知建设、监理等单位共同进行质量验收。

（4）施工单位应建立工序交接验收手续，建立健全施工质量技术文件资料，资料齐全、准确。

6. 监理单位质量管理要求

（1）现场工程监理资质、数量符合规定要求，专业对口；配备了满足工程建设所需要的检测工具和相关现行有效的工程建设标准规范。

（2）监理资料记录及时、齐全、准确。

（3）工程监理需要调整时，应符合规定要求。

（4）工程监理必须依照法律、法规，以及有关技术标准、设计文件和建设承包合同，采取旁站、巡视和平行检验等形式，对建设工程实施监理。

7. 检测单位质量管理要求

（1）检测单位和人员资质及检测工具、设备符合规定。

（2）严格按照规定要求开展检测工作，检测流程符合标准要求。无损检测机构完成检测业务后，必须在 24h 内出具书面无损检测结果通知，72h 内出具无损检测报告。

8. 监督单位质量管理

工程质量监督站严格执行规定标准程序，制定质量监督工作方案和监督计划，针对工程项目具体情况设置停、必监点，采取旁站、巡视和平行检验等形式，对建设工程实施监督。对严重的质量问题，下达工程质量问题处理通知书，并对问题整改情况进行跟踪。

第二节　CCUS-EOR 项目健康管理设计内容

一、总体措施

（1）没有进行职业性健康检查的作业人员不得从事接触职业危害的作业，有职业禁忌证的作业人员不得从事所禁忌的作业。

（2）按照相关规定向施工作业人员发放劳保用品，施工作业人员必须按相关规定佩戴劳保用品上岗作业。CO_2 驱注采井作业时，必须配备正压式呼吸器、防冻服，确保处置泄漏、井喷等应急突发事件时作业人员的人身安全。

（3）从事特种生产作业、有毒有害作业和特种环境中工作的员工，应根据生产作业的需要，为员工配发具有特种防护功能的劳动防护用品与器具。

（4）按照国家卫生标准及要求，定期监测工作场所职业危害因素，对从事、接触职业危害的员工，应配备符合国家标准的劳动卫生防护设施。

（5）定期进行职业健康监护，建立《职业卫生档案》。

（6）应制定急救和保健制度。对施工人员进行急救、自救和人身防护等教育培训。

（7）发生人员伤害时，应立即将受伤者送往医院治疗。

二、饮食管理

（1）炊管人员必须持"健康合格证"上岗，并定期进行体检。

（2）炊管人员在工作期间应穿戴整洁的工作服和帽子，并要勤洗手。

（3）餐厅应保持整洁卫生，闲杂人员不准进入伙房。

（4）购买食品注意保鲜，不准采购变质发霉食品。

（5）厨房内不准堆放杂物，不准存放腐烂变质食品。

（6）烹调用具、餐具应清洗干净，并进行消毒。

（7）作业区有干净水洗手洗脸，有专门用餐地点。

（8）饮用水应符合国家生活饮用水水质标准。

（9）有饮食标准，每日有菜谱。

（10）厨房用具要定期消毒。

三、营地卫生

（1）生活区应设置垃圾桶，并每日定期清理桶内垃圾。

（2）营房宿舍保持干净、整洁，定期专人负责清扫。

（3）室内卧具定期更换，更换周期不超过 15 天。

（4）宿舍内应有防鼠、防蟑螂和防蚊蝇措施。

（5）炊管人员必须持"健康合格证"上岗，并定期进行体检。

（6）生活区及井场应有公共厕所，并定期清扫，保持清洁卫生。

（7）确保钻井设备、工具、仪器、仪表清洁。

（8）如遇疫情，要严格按照地方政府及上级部门要求做好消杀、报备、登记封闭等工作。

四、职业卫生防护设施

（1）装置主要有毒有害气体为 CO_2 和天然气，设置抢救设施，设置相应的气防设施。

（2）依据 GBZ 1—2010《工业企业设计卫生标准》第 5.1.14 条规定，在 CO_2 聚集场所、可燃气体聚集场所设置自动报警装置、事故通风设施，同时自动报警与通风联锁。

（3）高速旋转／往复运动的机械零部件／高温部件设置可靠的防护设施、挡板或安全围栏。

（4）在 2m 以上需要操作的地方，设置操作平台、护栏。

（5）为员工配备符合标准的防静电防护服和其他必要劳动保护措施。

（6）配备有毒有害气体防护设施，如正压式空气呼吸器、长管空气呼吸器，以及防有机气体、CO_2、硫化氢的全面罩和半面罩，按需求配置滤毒罐。

（7）配备检修安全防护设施，如安全绳、防坠落安全带、密闭空间救援装置等。

（8）按照国务院颁布的《女职工劳动保护规定》，合理安排女职工的劳动岗位，保护女职工的合法权益。

五、员工身体健康检查

（1）经常进行宣传、教育与培训，不断提高员工的健康、安全与环境意识和水平。

（2）不断提高员工自救互救水平和专业技能，保护人员健康和安全。

（3）组织对员工定期体检（全员每两年进行一次体检，女职工每年进行一次体检），并建立健康档案，员工健康评估合格。对患有心脑血管等疾病的员工重点关注，突发疾病时迅速组织救护。

（4）制定经常性的卫生保健知识教育制度和个人卫生管理规定。

（5）注意膳食营养卫生和每日三餐进餐习惯，不暴饮暴食，作业期间不得饮酒，不食用不洁食品、饮料。

（6）不得滥用药物（成瘾或依赖性麻醉药物），禁止不洁行为。

（7）注意劳逸结合，保证充足睡眠。

六、危险化学品及化学处理剂的管理

按照所属企业危险化学品安全管理规定以及国家的危险化学品管理法规要求，从采购、运输、储存、使用、报废处置等环节严格规范管理有毒药品和化学品。

（1）采购有危险化学品要向主管部门申请，审批后方可采购。

（2）危险化学品运输必须符合所属企业危险化学品安全管理规定以及国家的危险化学品管理法规要求。

（3）危险化学品与化学处理剂首先要区分开来，单库存放。

（4）要有明显标识，以防止误用。

（5）要专人负责保管，有毒药品保管时，药柜、库房均要上锁。

（6）有毒物品要密封好，防止泄漏或散落。

（7）使用有毒药品时，要办理有关手续，经单位主管领导或负责人审批签字后，方可使用。

（8）岗位工人在使用有毒药品时要穿戴劳保用品（防毒面具、手套等）。

第三节　CCUS-EOR项目安全管理设计内容

一、二氧化碳驱井喷、泄漏安全防护距离

CO_2 驱油生产过程中可能与连续泄漏相关的严重生产事故类型包括井喷、注入井 CO_2 泄漏、采出井泄漏等，由此造成的事故形式可能有爆炸、CO_2 窒息。注采井安全防护距离见表 8-1。

表 8-1　CO_2 驱井喷、泄漏安全防护距离

事故情形	伤害类型	CO_2 含量 /%	计算安全距离 /m	安全系数	建议平原地区安全防护距离 /m	备注
CO_2 注气井井喷、泄漏	窒息	10	32	1.5	50	此为下风向距离，上风向可缩小 20%，四周疏散
		5	52	1.5	80	
		1	163	1.5	250	
CO_2 驱采油井井喷、泄漏	爆炸		21	2	45	此区域内严禁烟火
	窒息	1	33	2	60	此为下风向距离，上风向可缩小 20%，四周疏散
CO_2 管线破裂泄漏	窒息	10	42	1.5	65	此为下风向距离，上风向可缩小 20%，四周疏散
		5	85	1.5	140	
		1	330	1.5	500	

注：CO_2 的窒息性：1%，安全；5%，短时耐受，需配自主式空气呼吸器；10%，死亡区，仅专业应急人员配备救生设备进入。

二、场地安全风险控制措施

1. 井场安全

井场平面布置，防火间距及气井与周围建筑物的防火间距严格按 SY/T 5466—2013《钻前工程及井场布置技术要求》等标准执行。防火防爆安全生产管理应符合 SY/T 5225—2019《石油天然气钻井、开发、储运防火防爆安全生产技术规程》中的规定。

（1）井场入口设置"入场安全须知告示牌"和"现场主要危害因素及紧急撤离线路图"。

（2）井场各作业区域按 SY/T 6355—2017《石油天然气生产专用安全标志》标准设置明显的安全标志，并悬挂牢固。井下作业时应按 SY/T 5727—2020《井下作业安全规程》设置明显的安全标志同时增加防窒息、防冻伤等安全标志。在醒目位置设立风向标志，若遇紧急情况，组织人员向上风方向撤离。

（3）井口距高压线、地下电缆及其他永久性设施不小于 75m；井场边缘距民宅不小于 100m；距铁路、高速公路不小于 200m；距学校、医院、油库、人口密集性及高危场所等不小于 500m。若安全距离不能满足上述规定，由所属企业安全管理部门组织相关单位进行安全评估，按其评估意见处置。

（4）井场设备的布局要考虑防火的安全要求，标定井场内的施工区域并严禁烟火。在森林、苇田、草地、采油（气）场站等地进行井下作业时，应设置隔离带或隔离墙。发电房、锅炉房等应在井场盛行季节风的上风处，发电房和储油罐距井口不小于 30m 且相互间距不小于 20m，注入井场井口至注入泵不宜大于 20m，注入泵至增压泵不宜大于 5m，增压泵至 CO_2 液罐不宜大于 10m。

（5）井场必须按消防规定备齐消防器材并定岗、定人、定期检查维护保养。各种消防器材的使用方法、有效期和应放位置要明确标示。

（6）井场内严禁烟火。进行井下作业时应避免在井场使用电焊、气焊。若需动火，应执行相关标准的安全规定。

（7）居民以及非施工操作和管理人员，不得随意进入井场。

2. 注入站场地安全

（1）站、场平面布置严格按照 GB 50183—2015《石油天然气工程设计防火规范》执行。

（2）站内、站外防爆区内的电气设备及控制仪表均选用隔爆型或增安型。

（3）接站内工艺管道、设备均做防静电接地，场区防雷。

（4）CO_2 注入站站内装置的火灾危险性属于丙类。装置所需的劳动安全卫生措施，按现行有关劳动安全卫生标准、规范的要求，在依托现有系统劳动安全卫生设施的基础上补充完善，以确保本装置的劳动安全卫生达到标准和规范和要求。

（5）注入泵房、值班室设置 CO_2 浓度报警，并与通风系统、注入泵联锁。当浓度大于 $5880mg/m^3$ 时，启动通风系统；浓度大于 $11760mg/m^3$ 时，停止注入泵。

（6）操作人员应了解这些气体的特性，以便检修、泄漏或发生事故时，采取相应的防范措施。

（7）泵房采取机械通风方式，并设可燃气体报警装置，有油气散发场所的机泵均采用防爆电动机。

（8）仪表值班室与注入泵房分为 2 个建筑单体，防止超浓度的 CO_2 气体和噪声对人体的危害。

（9）将产生噪声的机泵集中布置，并与值班室分开设置，设密封观察窗，降低噪声对值班人员的危害。

（10）每次停产后，必须将管道内的 CO_2 液体放空，以避免液态 CO_2 汽化。

（11）有油气及 CO_2 气体散发的厂房均采取良好的通风系统，防止气体积聚。

（12）工人作业时应配备相应的防冻、防噪声设备。

三、建设过程安全风险控制措施

1. 钻井作业安全风险控制措施

（1）发生井喷、井喷失控及 CO_2 中毒、窒息事故时，立即启动应急预案；

（2）废气、油、水、岩屑排放及焚烧有毒、有害物品；

①采用气冲洗钻台、钻具，最大限度地减少污染量。若用水冲洗钻台、钻具，产生的污水应进行处理和利用，需要外排的污水应达到排放标准。

②动力设备、水刹车等冷却水，要循环使用，节约用水。不能循环使用的，要避免被油品或钻井液污染。

③不得用渗井排放有毒污水，以免污染浅层地下水。

④加强对生活垃圾的管理，对排出的废水必须进行处理以达到排放处理。

⑤井场应筑足够容量的废浆池以便收集事故溢出的钻井液或被置换的废钻井液。在任何情况下，钻井液不得排出井场。

⑥所有钻井液处理剂，应有专人负责严格管理，防止破损或由于下雨而流失。

⑦井内返出的钻屑，应结合现场具体情况妥善处理，不得造成污染。

⑧钻井材料和油料要集中管理，减少散失或漏失，对被污染的土壤应及时妥善处理。

⑨收油、发油作业时，要先检查后输油。输完油后，要先扫线后撤管，消除"跑冒滴漏"。

⑩设备更换的废机油和清洗用废油，应集中回收储存，严禁就地倾倒。

⑪污水和废弃钻井液分池排放（铺防渗布），完井后对污水、废弃钻井液、其他废料垃圾进行净化、无害化及相应处理。

⑫现场不能焚烧有毒、有害物质。

（3）运输过程中要注意交通安全，避免事故发生。

（4）钻井过程中佩戴好防护用品，按照规程操作各种设备，防止机械伤害，如果发生机械伤害，应立即就医。

（5）密切关注钻井液的性能，如果发现地层含有 CO_2，要提前做好预防措施，防止冻伤，如果发生人员冻伤，应立即就医。

（6）内燃机应装消音装置或其他减噪措施，噪声不得超过 60dB；噪声大的动力设备应布置在井场主导风向的下风侧，办公用房或员工宿舍应布置在主导风向的上风侧，以减轻噪声的影响；对现场施工的机械加强保养和润滑，以减少机械噪声。

（7）如果是距离村屯较近的高危井，井场周围挖深 1m、宽 0.5m 的防振沟，以减少振动对周围居民正常生活的影响。

2. 井下作业安全风险控制措施

井场电器设备、照明器具及输电线路的安装应符合 SY 5727—2020《井下作业安全规程》、SY 5225—2019《石油天然气钻井、开发、储运防火防爆安全生产技术规程》等标准要求。在含硫化氢等有毒有害气体井进行井下作业施工时，应严格执行 SY/T 6137—2017《硫化氢环境天然气采集与处理安全规范》、SY/T 6610—2017《硫化氢环境井下作业场所作业安全规范》和 SY/T 6277—2017《硫化氢环境人身防护规范》标准，井口、地面流程、入井管柱、仪器、工具等应具备抗硫腐蚀性能，制定施工过程中的防硫方案，完井时应考虑防腐措施。各单位要根据施工区域实际情况制定具体的井喷应急预案，特别是对含 CO_2 驱井应急预案的编制。

（1）井下作业施工必须配备井控装置。现场监督人员要严格按照施工设计和相关规定检查井控装置等安全设备和措施是否到位。压井、作业、操作注气站及井口、射孔、压裂、酸化施工安全严格按相关标准执行。施工单位要针对施工内容制定详尽的安全施工预案。

（2）加强对高压高含 CO_2 油气井施工的认识。成立应急抢险小组，明确配合和分工。要求每个施工人员都熟悉紧急情况逃生路线。在各项工作施工前，由现场技术指挥进行技术交流，提出特殊技术操作要求，对作业人员进行安全教育，并做好记录。严禁随意排放 CO_2、注意保护环境，井口操作时要戴防毒面具，以防窒息。

（3）CO_2 驱注采井作业时 CO_2 监测。

①CO_2 驱注采井作业时，必须配备 CO_2 气体检测仪。

②在作业前、作业中、作业结束后，必须进行 CO_2 气体检测，确保作业人员人身安全和作业质量。

③CO_2 驱注气井作业时，必须每隔 1h 对作业井口及附近低洼等 CO_2 气体易聚集的地方检测一次；CO_2 驱采油井作业时，必须每隔 3h 对作业井口及附近低洼等 CO_2 气体易聚集的地方检测一次。

④CO_2 驱采油井在 CO_2 突破后视为 CO_2 气井，每天监测油套压变化情况，严格控制油井油压在 3MPa 以下，避免清蜡阀门刺漏现象和管线井口伤人事件发生，并且监测注入、采出井周围 CO_2 气体浓度，井口操作时要戴正压式呼吸器，以防窒息。

（4）射孔作业前要做好防喷、防火等安全工作及物资准备。

（5）压裂施工前，地面高压管线和装置必须按规定试压。压裂后严禁用空气气举返排。

（6）一旦发生井喷、火灾等安全事故，首先要保证人员的生命安全，各种施工作业都要按照这个原则制定事故抢救的应急预案。

（7）对特种设备，其操作人员必须经专业主管部门考核合格颁发操作证后，才能持证上岗。

（8）高压放喷管线与低压放喷管线应分开设置。

（9）如果采用单井罐集输，必须密切注意产气量变化，防止因单井罐内气体排出不畅而导致压力过高，从而发生憋罐事故。地面装置要有控制器，防止回流和压力过高。

（10）开关井操作力求准确，做到一次成功。阀门的开关一定按操作规程执行。

（11）生产过程中注意井口保温，防止 CO_2 干冰和水合物产生而堵塞管线。

（12）严防 CO_2 窒息伤亡。CO_2 易聚集在低洼处，无论是否在施工过程中，只要不注意都有发生窒息伤亡的危险。因此，在 CO_2 的运输、储存与施工过程中应采取如下防范措施：

①进入存放 CO_2 设备的操作间，必须先通风后进入。

②无风天严禁在狭小的低洼地带进行 CO_2 施工。必须进行施工时，要采取人工通风措施。

③进行 CO_2 施工作业及作业后的短时间内，严禁到井场附近的低洼地带逗留。

④严禁在操作间无任何劳保的情况下，拆卸盛装 CO_2 的设备。

⑤ CO_2 施工或卸 CO_2 后，管线、管汇同时向外排放 CO_2，瞬时间 CO_2 浓度很高，整个作业场地均被 CO_2 雾气所笼罩。此时全部人员一定要停止作业，迅速撤到场地外的上风头。

⑥ CO_2 驱注入及采油井周围容易存在 CO_2 聚积，井口和管线高压，无关人员严禁靠近施工现场，现场操作人员要带好劳动保护。若 CO_2 浓度高，放喷出口周围 200m 内设立围栏，并设立警示标志及值班巡逻人员，禁止无关人员靠近，二级风以下停止施工。

（13） CO_2 施工的队伍，包括联合施工的队伍，除认真执行各自的安全操作规程外，还必须遵守以下规定：

①泵注 CO_2 高压泵的排出管线，不得使用高压软管，必须使用高压硬管线。

②地面管线与高压管汇或泵车的连接，必须用高压硬管线，严禁使用高压软管。

③无论什么时候，凡是接触 CO_2 低温管线或其他结冰霜设备部件时，必须带棉工作手套，防止冻伤。

④施工结束，拆卸 CO_2 管线时，应站在管线接口的侧面，不要正对管线口。搬运管线时，管线头要向下，以防"冰炮"伤人，损坏设备。

⑤在向井内泵注 CO_2 前，必须先在泵—罐之间进行循环，充分冷却供液管线，三缸泵液力端，直到整个液路系统全部结霜。

⑥结束循环，改为向井内注入时，必须先行打开三缸泵的排出闸门，然后再关闭循环闸门，防止憋泵，酿成事故。

⑦经常检查高压设备，检查发现有损伤，裂纹部件要立即更换，绝不允许凑合使用。

⑧施工时人员要远离泵头和高压区。

⑨施工过程中严格执行操作规程。

3. 地面工程现场施工作业安全

（1）施工总平面布置应符合国家现行的安全、防火、环境保护及工业卫生等有关安全卫生规定。

（2）施工现场设立的工程标牌应有安全负责人等内容。

（3）施工现场及其周围的山岗、悬崖、陡坡处应设置安全护栏。影响安全施工的坑、洼、沟等均应填平或铺设与地面平齐的盖板，其他障碍应予以清除。坑槽施工时，应经常检查土质稳固情况，采取加固措施，防止裂缝、疏松或支撑偏移造成坍塌事故。

（4）开挖管沟时，应根据土质情况决定边坡坡度，防止塌方。

（5）施工现场的排水设施应做全面规划，合理布置。上部需承受负荷的沟渠应设有盖板或修筑涵洞、敷设涵管。排水沟的截面及坡度、涵洞涵管的尺寸大小和埋设深度、承载能力应经计算确定。

（6）施工现场应根据消防的要求配置消防设施和器具，并保持消防通道的畅通。

（7）施工用水、水蒸气、压缩空气、乙炔气、氧气、氮气等管网应布设适宜、固定牢靠，并按介质要求对管网进行冲洗、吹扫、除油、脱脂等处理，合格后方可使用。

（8）施工现场的供用电线路及设施应按总平面图布置。

（9）临时建筑、仓库及其他设施消防安全应执行相关标准的规定。

（10）大型设备吊装，射线作业，电气耐压试验，设备、容器及管道脱脂、试压和爆破作业等施工区域应设置明显的警告标志，并制订相应的安全应急措施。

（11）施工现场应按总平面图设置行人、车辆通行道路，一般应符合以下规定：

①主要道路应筑成环形，与主要的施工作业区域和临时设施相通，其双车道宽度不小于 6m，单车道宽度不小于 3.5m。

②通过施工机具、汽车的便桥应按图纸架设，其宽度不应小于 3.5m。

③通行栈桥或架空管道下面的道路，其通行空间高度不应小于 5m。

④机动车辆在厂内行驶，时速不应大于 15km/h。在场地狭小、运输频繁地点，应设临时交通指挥人员。

（12）施工器材应按施工总平面图规定的地点堆放，保持整齐稳固、安全可靠。建筑物与可燃材料堆置场地的防火间距，施工器材堆放的安全高度应符合 GB 50183—2015《石油天然气工程设计防火规范》的规定。

（13）施工残渣和边角余料应集中堆放在指定地点，并按规定及时处理。

（14）施工现场应根据施工作业的实际情况，设置符合 GB 2894—2008《安全标志及其使用导则》规定的相应安全标志牌。

（15）管子下沟作业时，任何行人和车辆不得通过管沟。必须通过时，应设专人警戒，明确联络信号，管线下沟作业时，应设专人指挥，防止滚管事故。

4. 建（构）筑物的安全措施

（1）根据 GB 50183—2015《石油天然气工程设计防火规范》第 6.9.1 条，生产和储存甲、乙类物品的建（构）筑物耐火等级采用二级防火规范。

（2）根据 GB 50183—2015《石油天然气工程设计防火规范》第 6.3.1 条，压缩机房的顶部采取通风措施。

（3）根据 GB 50183—2015《石油天然气工程设计防火规范》第 6.9.4 条，压缩机房设 3 个向外开启的门，并设置设备进出大门。

（4）配电室的室内地坪比室外地坪高 0.6m。

（5）站场内建（构）筑物的防雷分类及防雷措施，按 GB 50057—2010《建筑物防雷设计规范》的有关规定执行。

（6）站场内的电缆沟，有防止可燃气体积聚及防止含可燃液体的污水进入沟内的措施。电缆沟通入变（配）电室、控制室的墙洞处填实、密封，站场内室外电缆采取电缆沟方式埋地敷设。

5. 自控与电气的安全措施

（1）在 CO_2 易积聚的压缩机及装置区设置 CO_2 浓度检测报警仪器。

（2）为确保夜间安全生产，在装置的平台、过道及其他需要的地方均设置照明设施，照明亮度符合规范要求。配备事故照明设施。

（3）在产出气处理装置区及压缩机房依据 SY 6503—2016《石油天然气工程可燃气体检测报警系统安全规范》设置可燃气体检测报警器，以防止可燃气体泄漏聚集发生爆炸。

（4）站内、站外防爆区内的电气设备及控制仪表选用防爆安全型。

（5）接转站内工艺管道、设备均做防静电接地，场区防雷。

（6）主要净化分离装置采用露天布置，不会造成 CO_2 或天然气的积聚。

（7）现场仪表位于防爆场所的，防爆等级不低于 $dⅡBT_4$，防护等级不低于 IP65。

（8）温度检测采用防爆一体化温度变送器并带保护套管。

（9）压力检测采用防爆智能压力变送器。

（10）CO_2 气体浓度检测采用专用浓度检测报警仪表，并远传到运维中心控制室，同时接入建设单位生产指挥系统。

（11）可燃气体浓度检测采用专用可燃气体浓度检测报警仪表。

（12）站内配备便携式多功能气体检测仪。

6. 消防安全措施

（1）新建建（构）筑物配备灭火器，其配置类型和数量按 GB 50140—2005《建筑灭火器配置设计规范》的规定执行。

（2）根据 GB 50183—2015《石油天然气工程设计防火规范》第 8.9.4 条，压缩机房配备推车式灭火器。

（3）场站配备微型消防站。

四、营运过程安全风险控制措施

1. 伴生气循环利用系统

1）分离器

分离器风险对策措施见表 8-2。

表 8-2　分离器风险对策措施一览表

危险因素	危险等级	对策措施
物理爆炸	III~IV	（1）选择抗 CO_2 腐蚀较好的材质。 （2）投入前做探伤和压力试验。 （3）加强对分离器腐蚀的检测。 （4）定期校验安全阀。 （5）定期检修仪表
火灾爆炸	III~IV	（1）采用正规厂家生产的合格产品。 （2）附件根据实际需要选择抗 CO_2 腐蚀的材料，保证附件密封完好。 （3）投入前做各种探伤和压力试验等。 （4）由专业队伍进行安装、检修。 （5）严格执行相关标准
窒息	II	（1）采用正规厂家生产的合格产品。 （2）加强巡检和日常管理。 （3）要定期进行检修，腐蚀严重的装置要进行检修。 （4）设有符合国家标准的安全警示标志。 （5）禁止无关人员逗留

2）压缩机

压缩机风险对策见表 8-3。

表 8-3　压缩机风险对策措施一览表

危险因素	现象	危险等级	对策措施
油压下降	（1）油压表显示压降。 （2）有异响	II~III	紧固大头瓦螺钉
油温升高	（1）温度表显示温升。 （2）铁谱分析仪显示油液中铁分子含量增大	II~III	（1）更换轴瓦。 （2）轴瓦装配时，按技术要求进行装配。 （3）调整大小头瓦间隙至标准的范围内；调整十字头滑块与圆柱销的间隙至标准范围内。 （4）清洗过滤器，检查并疏通整个油路
油泄漏	观察滑道内油的渗漏情况	II~III	更换填料
失去压缩介质的功能	异常响声	III~IV	（1）活塞杆需经锻造和热处理。 （2）增大倒角。 （3）正确选材

危险因素	现象	危险等级	对策措施
排气温度、排气压力增大	压力表显示压力升高	Ⅱ~Ⅲ	（1）吹扫工艺管线。 （2）检查、修复管道上的电磁阀、止逆阀等阀门
缸头振动值增大	振动仪监测到	Ⅲ~Ⅳ	（1）改变压缩机的固有频率。 （2）紧固地脚螺栓。 （3）增大缸头支撑杆与缸头接触面积。 （4）消除外管网的振动问题。 （5）研磨缸体、滑道、曲轴箱间的贴合面。紧固螺栓。保证滑道与缸体同心，并确保此同心线与曲轴箱连接端面垂直。 （6）做静平衡试验。修复曲轴轴端挠度。装配飞轮时确保端面与曲轴垂直
振动值增大，压缩机声音异常	振动仪显示；分贝仪显示	Ⅱ~Ⅲ	（1）如电动机本身存在问题，应修复电动机。 （2）紧固电动机或曲轴箱的地脚螺栓。 （3）对电动机与曲轴重新找正

3）变温吸附装置

变温吸附装置风险对策措施见表 8-4。

表 8-4　变温吸附装置风险对策措施一览表

危险因素	危险等级	对策措施
火灾爆炸	Ⅳ	（1）控制与消除火源。 （2）严格控制设备质量及其安装质量。 （3）塔、阀、管线等设备及其配套仪表要先用质量好的合格产品，并把好安装质量关。 （4）加强管理，严格工艺纪律。 （5）建立健全安全管理制度和安全操作规程，杜绝"三违"，防止工艺参数发生变化。 （6）检修时，特别是易燃、易爆、腐蚀性强的设施，必须做好与其他部分的隔离（如安装盲板等），并彻底清洗干净。 （7）安全设施要齐全完好
窒息	Ⅱ	（1）采用正规厂家生产的合格产品。 （2）加强巡检和日常管理。 （3）要定期进行检修，腐蚀严重的装置要进行检修。 （4）设有符合国家标准的安全警示标志。 （5）禁止无关人员逗留

2. 二氧化碳注入系统

1）注入井场

注入井风险对策措施见表 8-5。

表 8-5　注入井风险对策措施一览表

形成事故	危险等级	对策措施
窒息	Ⅲ	（1）采购符合注 CO_2 标准的设备、设施。 （2）严格施工，确保施工质量。 （3）制定操作规程，并严格按照操作规程作业，避免超压运行。 （4）经常检查井口装置及管线等设备设施的完好性，发现问题及时处理。 （5）加强安全教育和井场巡查。 （6）加强操作人员的安全防护，操作人员必须穿戴质量合格的劳保用品。 （7）制定窒息事故应急预案
井喷	Ⅲ	（1）安装灵活可靠的井口装置和防喷器。 （2）加强安全教育和井场巡查，做好安全保卫工作，严防人为破坏。 （3）操作人员必须穿戴质量合格的劳保用品。 （4）备齐抢喷工具
物体打击	Ⅱ～Ⅲ	（1）选择符合 CO_2 驱要求的合格产品。 （2）零部件紧固牢靠。 （3）人员开闭闸时站在安全位置。 （4）操作人员穿戴劳保用品

2）注入管网

严格遵守操作规程，采取现场监护措施；加强设备、管线的维护保养，防止高压介质的突然刺漏。

3. 二氧化碳驱采出流体集输系统

1）采油系统

对于采油系统，其机泵风险对策措施见表 8-6，其抽油机风险对策措施见表 8-7。

表 8-6　机泵风险对策措施一览表

危险因素	危险等级	对策措施
串轴	II	（1）调整流量。 （2）调整间隙
泵有杂音	II	（1）调整。 （2）更换。 （3）板正。 （4）检查修理。 （5）维修清扫
轴承发热	II	（1）校正同心度。 （2）更换润滑油。 （3）检查冷却水系统，加强维护
泵泄漏和窒息事故	II～III	（1）更换密封材质，使其具有较强的抗 CO_2 腐蚀性。 （2）针对泵抽空问题进行处理。 （3）保证冷却水供应。 （4）关闭泵出口阀。 （5）切换备用泵。 （6）更换泵体材质

表 8-7　抽油机风险对策措施一览表

危险因素	危险等级	对策措施
机械伤害	II～III	（1）严格把好安全质量关。 （2）严格执行操作规程。 （3）设备固定要牢固。 （4）各运转部位应配备防护罩和防护栏。 （5）经常检查刹车系统确保安全。 （6）保证设备正常运转不得超负荷
高处坠落	II～III	（1）高处作业平台按规范设置防护栏，并经常检查其可靠性。 （2）作业人员严格执行安全操作规程。 （3）保持抽油杆干净，并加强设备保养及检查，排除事故隐患。 （4）设置"小心坠落""当心滑跌"安全标志
电气伤害	II～III	（1）经常检查设备，使用合格电线。 （2）规范电气设施，用电保护设施一定要齐全，定期检测。 （3）使用合格设备。 （4）所用电气开关都要有屏护装置进行保护。 （5）较高设备、设施要装避雷设施，防止雷击事故

2）油气集输管网

油气集输管网风险对策措施见表 8-8。

表 8-8　油气集输管网风险对策措施一览表

危险因素	危险等级	对策措施
管线腐蚀穿孔、裂缝，断裂造成油气泄漏	Ⅲ	（1）选择抗 CO_2 腐蚀性较好的管道，严格把好材料质量关、防腐关、焊接质量关，及时更换腐蚀管线，做好防腐工作。 （2）设置超压报警装置，严格按照操作规程操作，按时巡检。 （3）加强管网的安全管理。 （4）严格遵守操作规程。 （5）加强动火审批手续。 （6）施工前充分置换管道内油气。 （7）定期检查，及时堵漏。 （8）设计采取抗震和防洪措施。管道增设自控安全保障。 （9）做好管道的内外防腐。 （10）定期检测管道壁厚。 （11）增加拉伸器或补偿器。 （12）定期检查管道泄漏情况
油气泄漏	Ⅱ	制定应急预案，配备呼吸器

4. 二氧化碳驱采油安全风险控制措施

注 CO_2 后油井生产的管理全部归采油队负责。安全责任主要体为采油队。采油队应按照相关规定的要求做好 CO_2 驱期间的安全工作。

（1）要以采油井为中心在 10m 的范围用警戒带圈闭，并挂有"低温、高压危险"的警示牌。值班板房距井口 15m 以外，并不能面对井口的丝堵部位。值班室配灭火器材两具。

（2）在 CO_2 驱注气期间必须进行巡检，主要包括两个方面的内容：一是 CO_2 驱周围油水井的生产状况，即产液量、动液面、相关井的套压及地面状态变化，一旦出现异常情况，将情况汇报队长；二是检查 CO_2 驱注采区域内有无闲散人员及家禽牲畜进入警戒线内，如发现此类情况立即劝走或驱赶。

（3）采油井口要安装安全压力表，每天对采油井压力进行监测，避免采油井口压力过高造成井喷事故。如压力超过 7MPa，则停止注 CO_2 气，并对油井进行放喷处理。

（4）放喷现场要有如下安全制度：

① 油井放喷操作规程。

② 油井放喷事故预案。

③ 采油队 CO_2 驱油井放喷作业指导书。

④ 采油队放喷现场 HSE 检查表。

⑤ CO_2 驱现场安全管理要求。

不具备上述条件的施工现场不许施工。

（5）做到放喷现场 24h 有人看管。采油队不许因任何理由导致放喷现场无人看守。一旦发现放喷现场无人值守，要追究采油队队长、直接责任者的责任。

（6）井场按油井标准化井场进行管理，做到"三清四无五不漏"。

（7）放喷现场工具的配备要求：

① 配备两具 8kg 干粉灭火器。

② 配备铁锹 2 把。

③ 配备管钳、扳手等常用工具。

（8）CO_2 驱注采井生产管理要求：

CO_2 驱注采井进行放套压、测液面、测功图时，测试前、后必须进行 CO_2 气体检测，确保无泄漏和井周围 60m 范围内无非工作人员。

5. 公用辅助工程单元

1）供配电系统

供配电系统风险对策措施见表 8-9。

表 8-9　供配电系统风险对策措施一览表

危险因素	危险等级	对策措施
变压器爆炸	Ⅱ~Ⅲ	（1）定期取变压器油样化验，发现绝缘能力下降及时更换。 （2）定期检查，保证冷却水供应正常。 （3）检查温度继电器状况，发现问题及时处理。 （4）保证冷却系统变压器油压大于水压
电缆爆炸	Ⅱ~Ⅲ	（1）加强电缆沟的防火及防鼠性能。 （2）电缆沟设烟雾报警装置，发现火灾隐患及时处理
电器火灾	Ⅱ	（1）电源有电流保护，加强设备维修，防止变压器漏油及控制油温。 （2）坚持安全用电检查制度，发现隐患及时解决，严禁电气设备超负荷运行。 （3）定期检测避雷设施和接地线，保证其性能完好。 （4）定期检测变配电设备的计量仪表和继电保护设备，保证其性能完好。 （5）防雷防静电接地及静电跨接
触电	Ⅱ	（1）检修接地系统。 （2）更换损坏设备的绝缘设施。 （3）电气设备应有足够安全防护距离，如防护距离达不到要求，则应加装隔离罩或外罩。 （4）检修时应配备防触电工具，采取相应防触电措施并按检修、操作规程进行。 （5）电气操作人员培训合格后上岗

2）自动控制系统

若生产装置处理的物料中含有易燃易爆、易窒息的物质，一旦控制系统或仪表出现故障，引起超压或易燃易爆、窒息物料泄漏，轻者可对设施和员工产生危害或不利影响，严重时则会引起灾难性的塔毁人亡事故。自控系统的危险等级为Ⅲ~Ⅳ级，应认真落实各项防范措施，以降低其危害。分析过程及结果详见表 8-10。

表 8-10　自动控制系统风险对策措施一览表

事故原因	触发条件	危险等级	对策措施
（1）逻辑元件损坏或继电器故障。 （2）安全栅故障。 （3）端子排故障。 （4）通信电缆、信号电缆老化。 （5）I/O 通信卡件损坏。 （6）接地不良。 （7）冗余控制器失灵可能引发现场大型机组跳闸。 （8）现场阀门坏或误动作。 （9）现场仪表接点断开	检测数据错误，现场阀门误动作，物料发生泄漏，物料蒸气与空气形成爆炸性混合物。遇明火及火花，可发生爆炸。爆炸可进一步引起火灾	Ⅲ～Ⅳ	（1）对关键部位继电器每年进行更换。 （2）检修时彻底检查、清扫安全栅。 （3）检修时彻底检查、清扫端子排。 （4）及时更换老化电缆。 （5）及时更换 I/O 通信卡件。 （6）保持现场阀门清洁，每年进行阀门检测。 （7）每天进行仪表点巡检
（1）现场仪表接点断开。 （2）现场阀门坏，导致超压	有联锁的设备及部位的测量参数达到联锁停车标准	Ⅲ	（1）每天进行仪表点巡检。 （2）保持现场阀门清洁，每年进行阀门检测

6. 防范其他危险、危害因素的安全措施

1）机械伤害

严格按操作规程操作；平衡块处安装防护栏；定期检修，确保各安全附件完好；正确穿戴劳动保护用品；实行监护作业。

2）物体打击

严格按操作规程操作；定期检修，确保各安全附件紧固完好；正确穿戴劳动保护用品。

3）高处坠落

按操作规程操作；定期检修，确保刹车等安全附件完好；实行监护作业；大风等恶劣天气禁止施工。

4）高低温防护安全对策

采用自动化、半自动化操作，避免工作人员与热源或冷源进行接触；在高温或低温管段上保温层，有效隔温；高温或低温人员在就业前进行体检，并定

期体检。对高温或低温人员配备防护用品。

5）噪声防护安全对策

站内选用低噪声设备，将产生噪声的机泵集中布置，并与值班室分开设置，设密封观察窗，降低噪声对值班人员的危害。

采取必要的隔声、消音措施，使工作场所的声压级达到 GB/T 50087—2013《工业企业噪声控制设计规范》和 GBZ 1—2010《工业企业设计卫生标准》的要求。

从事噪声作业的人员，配备噪声防护保护用品，如耳塞、耳罩等护耳器。对于接触噪声人员定期进行体检。

定期对作业场所的噪声情况进行检测，确保符合 GB/T 50087—2013《工业企业噪声控制设计规范》标准要求。

6）振动防护安全对策

为防止振动对人的影响，企业制定合理的劳动制度，适当安排工间休息，尽可能实行轮换工作制，不连续使用振动工具。

合理使用劳动保护用品，加强个人防护。

实施作业前体检凡有不宜从事振动作业的疾病的人员不得从事振动作业。作业人员定期体检。

7）电击伤防护安全对策

对作业人员大力开展安全用电知识和触电抢救常识培训教育，严格执行安全用电规程；对于电气设备、线路的安装必须符合"安全第一"的原则，严禁随意拆修和安装电气设备。遇电线断落不要走近，更不能用手去触摸，以免触电。

（1）电气设备定期进行检验。

（2）操作前验电，禁止带电操作。

（3）下雨打雷时禁止操作。

8）高压刺伤

（1）选用优质阀门，开、关阀门时人员站在阀门侧面。

（2）注水管路系统的材质和强度满足设计压力的要求。

（3）注水管道采取内防腐处理。

（4）注水泵后的地面注水管道采取防振措施。

（5）注水管道定期进行管道腐蚀和壁厚检测。

9）腐蚀和泄漏

（1）按规范要求做好管道的内外防腐。

（2）定期对管道维护保养。

（3）定期检测管道腐蚀及壁厚情况。

（4）定期检测管道壁厚。

10）中毒和窒息

采取通风措施；使用劳动保护用品。

11）自然灾害防护措施

（1）依据 GB 50191—2012《构筑物抗震设计规范》规定，本工程主要建（构）筑物的抗震措施按 8 度设计。

（2）储罐、管道等生产设施设防雷、防静电接地装置，油阀组间、消防泵房等建（构）筑物设置防雷设施。防雷、防静电接地设计严格按 GB 50057—2010《建筑物防雷设计规范》、SY/T 0060—2017《油气田防静电接地设计规范》执行。

（3）管线壁厚设计按相地震烈度设防校核。

五、交通安全

（1）出车前进行工作：交代任务、交代路线、交代安全，并对车辆进行出车前检查，重点做好刹车系统、传动部分、灯光部分和固定情况的检查工作。检查表明有安全隐患的车辆严禁出车。

（2）行驶速度按油田公司规定执行。

（3）严格遵守《中华人民共和国道路交通安全法》和《中华人民共和国道路管理处罚条例》，严禁酒后驾车。

（4）通过危险路段时，要有专人指挥。

（5）路途发生交通事故或员工伤亡，首先就地采取急救措施，并将伤员及时送往最近的医院，同时保护好事故现场，防止事故进一步恶化，并向当地交警部门以及上级领导汇报。

（6）车辆行驶途中住宿，车辆要停放在停车场并有专人看护，确保车载物品安全。

（7）车辆出车必须按公司规定执行，调度安排车，并交代安全注意事项后方可出车。

（8）进入易燃、易爆区域的机动车辆应加装灭火罩或阻火器。

■ 第四节 CCUS-EOR 项目环境管理设计内容 ■

一、环境风险通用控制措施

（1）健全环境保护制度，完善环境监测体系。环境采取预防为主、防治结合的方针，制定防范措施来防止污染事故的发生。

（2）各种施工作业过程中，含毒、含放射性等有害物质不得随意排放，必须按相关规定处理。

（3）井口装置、管线等设施要做到无泄漏，严防井流物对环境的污染。

（4）井下作业、测试、采气生产等作业施工中应采取环保措施。

（5）在开采过程中产生的废水，根据废水的性质，采用化学、物理和回注地层等方式处理，需外排的废水必须达到国家或地方排放标准后排放。

（6）开采过程中排放的 CO_2，应尽量回收利用。

（7）井下作业，在施工设计中必须制定无污染作业的方案和措施，在施工作业中要做到废水不污染环境，产生的酸性废水必须处理至中性，在施工作业中，施工单位要接受建设单位质量安全环保部门的监督。

（8）施工结束后，井场要按环保要求进行建设，并对施工过程中毁坏的植被进行恢复，做好生态环境恢复工作。

（9）已发生污染事故的，应立即采取减轻和消除污染的措施，防止污染危害的进一步扩大，对尚未发生污染但有污染可能的，应立即采取防止措施，杜绝污染事故的发生。

（10）及时通报可能受到污染危害的单位和居民，使他们能及时撤出危险地带，即使发生了污染事故，也可以避免人身伤害。

二、废气污染控制措施

1. 车辆尾气及施工扬尘

（1）车辆尾气：由于车辆排放的尾气为流动的线源，影响范围较大，但其污染不集中且扩散能力相对较快，因此对局部地区环境的影响不大。

（2）施工扬尘：若项目土建工程较多，在挖掘机开挖土方、运输车辆往返导致空气中粉尘含量增加，将对周围大气环境造成影响，但由于施工过程较短且周围环境平坦，易扩散，影响随施工期的结束而消失。

2. 加热炉烟气

联合站、接转站的加热炉新增燃气量 $841 \times 10^4 m^3/a$。由于加热炉所使用的燃料为油田自产天然气，本身就属于清洁能源，分析可知，其污染物排放浓度能够满足 GB 13271—2014《锅炉大气污染物排放标准》中的二类区 Ⅱ 时段标准，对周围环境空气质量影响不大。

3. 烃类气体挥发

各油井均接入现有密闭集输流程，因此原油集输过程中的烃类挥发量较小，加强设备和管线的密封性，经常检查和更换井口密封垫，可以最大限度地减少油气泄漏和溢出。

三、废水污染控制措施

1. 生活污水

施工期生活污水排放量小，且比较分散，污染物简单，排入施工现场内的旱厕，施工结束后及时清掏，经土壤处理后不会对环境产生明显影响。

倒班公寓产生的生活污水排入防渗氧化塘，自然蒸发；循环注入站由于污水量较少，拟采用防渗旱厕收集，定期清运做农家肥，不外排；雨水排放采用自然排放。

2. 清管试压排水

清管试压一般采用清洁水，排放水中的污染物主要是悬浮物及铁锈等杂质，用水量为管道面积的 1.2 倍，排水量约 3000t，排放的废水中主要污染物是固体悬浮物，仅对其简单沉淀处理后，上清液排入附近沟渠。

3. 阀门试压废水

阀门试压过程中将产生一定量施压废水，水质简单，基本不含任何污染物质，与含油污水同输送至联合站，处理达到《油田注水设计规范》附录 A《碎屑岩油藏注水水质推荐指标》的 A3 标准中的固体悬浮物、含油量及硫酸盐还原菌含量指标后，直接回注水井。

4. 含油污水

油田原注污水的注水井改为注气驱。这些区块产出污水均在联合站统一处理后，通过新建污水管网输送至注污水站注入地下。

联合站处理后净化污水主要指标为：悬浮固体含量为 2.5mg/L、含油量为 6.0mg/L、SRB 含量 ≤ 20 个 /mL 处理后污水能满足注水水质要求。

四、地下水控制措施

正常情况下，生产运营期不会对地下水造成影响，事故状态下，主要是集输管线或注水管线发生腐蚀或断裂，原油或含油污水泄漏后，可能对地下水造成不利影响，深层地下水一经污染不易恢复，尽管事故发生概率较小，但仍有发生的可能。具体控制措施如下：

（1）原油或含油污水泄漏：进行腐蚀监测并定期检漏，一旦发现问题及时处理；对施工人员进行专业培训，提高施工质量，杜绝因人员操作失误而造成的事故发生，特别是对于管线衔接处的焊接质量杜绝假焊、开焊等现象。

当出现原油集输管线因各种原因而泄漏时，采取处理措施有：

① 当出现集输管线原油泄漏时，立即关闭阀门，降低管内压力并减少原油漏失量。

② 及时处理泄漏事故，减少处理时间。

③ 尽快清理泄漏后产生的油土，特别要避免油土在雨季放置时间过长。

（2）CO_2 泄漏：注 CO_2 管线或设备按规定定期检测，以防止 CO_2 泄漏事故的发生。注 CO_2 管线或设备中发生泄漏事件时首先要停泵，并及时寻找漏点以进行修补或更换。注 CO_2 管线的接头处严格注意质量。

（3）火灾：油田的各种生产设施特别是原油储存系统必须严格执行各项安全、防火规定，以杜绝火灾事故。原油储存系统均需设避雷及防静电装置，并避免使用非金属油罐。

（4）人为破坏：在有油气集输及回注水管线经过的人群居住区及生产活动频繁地区设立管线标志，防止人类活动对管线的无意破坏；加强管线的巡护和管理，定期检查；对附近村民经常进行防盗教育。

（5）自然灾害：与当地气象部门取得联系，在暴雨到来引发洪水之前，提前关闭所有油井，并对油井加强监控、防止风险发生。

五、固体废物处置措施

1. 生活垃圾

固体废弃物主要为少量生活垃圾，投放至固定地点后，委托当地环卫部门进行清理。

2. 废旧井口

将油井、注入井井口改造为耐腐蚀的不锈钢材质后，原井口由所属企业回收，后改造用于其他新建油井或井口有破损的油井。

3. 油泥

由于新增产能，联合站将新增油泥送至有资质单位处理，不排放。

4. 废干燥剂

循环注入站产生废干燥剂，经加热脱水后，循环使用，不外排。

六、噪声污染控制措施

1. 注入站设备噪声

注入站设备噪声采取消声降噪措施及距离衰减后，对厂界各监测点位有一定的影响，但噪声值远低于标准要求。根据规划部署，新建循环注入站 500m 范围内没有村屯，因此运行噪声不会对村屯产生不利影响。

2. 车辆噪声

车辆噪声属流动性线源，进入生产期后，各种工程车辆大为减少，虽然单车源强没有变化，但影响范围及强度均较开发期大为降低。同时进入运营期后，道路系统不断完善，车辆噪声也相对降低，因此不会对区内居民产生影响。

3. 管线施工噪声

施工期主要噪声影响为挖掘机施工噪声及运输车辆行驶噪声，均为线性流动声源。工程车辆的单车噪声可达 70~90dB（A），车辆在夜间经过区外村屯时，将会对居民居住区的声环境产生一定的影响，所以车辆在夜间经过村屯时，严禁鸣笛，并减少夜间行车次数，以降低车辆噪声对居民的影响。随着开发施工期的结束，车辆将逐渐减少，其噪声危害程度亦会大大降低。

七、水土保持

1. 水土流失责任范围

根据工程特点，水土保持工程分区可分为管线敷设不同植被恢复区，对不同的分区采取不同的水土保持措施。

2. 生态减缓措施及水土保持

根据工程土壤侵蚀特点，水土保持将主要采取生物治理与工程治理相结合的措施，重点为集输管线施工后的植被恢复。

（1）农田保护措施。

项目占地属非基本农田，占用类型主要为旱地、林地，其中旱田面积为 $112.91 \times 10^4 m^2$。为降低对区域农田生态系统的影响，施工期间严格控制占地范围，严格将开发活动控制在评价范围内，征用土地时对农民的补偿按照国家的规定补偿，补偿到户，并向相关部门缴纳水土保持补偿费用。

项目施工期将占用较大面积的耕地，如果对这个问题重视不够，则将会对当地农业生态系统和农业生产造成较大的损失，并带来长期的不利影响。因此，建设单位对耕地保护工作给予足够重视，尽量将每年的施工期均安排在播种前、秋收后及冬季封冻期间进行，避开农作物生长期，进一步降低对区内农业生态系统和农业经济的不利影响。施工期结束后，对临时占用的农田及时进行复垦，因此运行期的不利影响可大幅减轻。

为了减少对农田的占用和破坏，站场占地面积严格按规划征用，不得任意扩大。井场和站场施工后的临时占地，由施工单位尽快恢复原有植被，减少地面裸露时间。油田开发占用的农田一般通过复垦方式进行，而且在征地费用中予以补偿。

（2）林地保护措施。

项目管道施工穿越的林带大多为农田防护林和护路林，均为垂直穿越。在穿越林带时，要求人工开挖，作业面限制在 3m 左右，因此破坏的林地面积不大，约 $3.10×10^4m^2$。

管道施工中将尽可能在树木之间穿过，预计砍伐树径 9cm 以下 140 株、9cm 以上 50 株。施工结束后及时进行原地补种新树等生态恢复措施，不致对农田防护功能造成明显不利影响。

在管道施工过程中，挖土方时要按反序堆置弃土，即表层土在下，深层土在上，覆土时再按原序填埋，以减少生土对表层土壤结构的破坏，将有利于植被的生长。

（3）草地生态恢复措施。

①林草措施设计的原则。

a. 因地制宜，突出重点的原则。对造林种草地类进行立地条件分析，布置合适的林草种类。

b. 适地适树原则。主要选择优良的乡土树种和已经适生的引进树草种等。

c. 绿化美化与水土流失治理相结合的原则。

d. 保障管道安全的原则。严格执行管道保护有关条例，管道中心线 5m 范围内不得种植深根性树种。

②林草措施布设。

林草措施在管道作业带、公路穿越均有布设。林草措施分为种草、植物护坡和种植灌木等几类措施。

③植物种类选择。

选择耐干旱、耐瘠薄、耐寒、根系发达、固土作用强、生长迅速的植物种类；原为耕地的管沟在施工结束后覆土，种植临时性豆科牧草，以恢复地力；施工道路两侧灌木树种选择具有水土保持功能、适应性强、生长迅速、耐寒、耐瘠薄的树种，草种选择适应性强、生长迅速、耐寒、耐瘠薄的乡土草种。

④种草。

a. 种植方式：直播种草。

b. 草种选择：草种生长迅速、根系发达、能较快形成地面覆盖，草种适应性强、耐寒、耐旱、耐热、耐瘠薄，繁殖容易，管理方便。

c. 种植规格：$60kg×10^4m^2$。

d. 项目草种推荐选择：紫花苜蓿、草木樨、早熟禾等。

⑤种树。

a. 种植方式：坑穴种植。

b. 树种选择：紫穗槐。

c. 种植规格：株行距按 1m×1m。

（4）循环注入站及维修辅助区施工结束后，及时进行场区硬化，维修辅助区绿化面积 $5000m^2$，装置区及人行道铺装采用混凝土方砖铺装，防止水土流失。

（5）由于道路系统一般位于农田及林地内，不宜采用种植树木等绿化方式，但可采取种植花草的方式对道路两侧边坡进行绿化，绿化面积为 $960m^2$（按道路两侧各 0.5m 绿化）。

（6）管理措施。

加强油田开发生态环境保护的管理是一切生态减缓措施的关键：

①严格将油田开采活动控制在评价区域内，征用土地向相应主管部门缴纳水土保持补偿费。

②由于各项施工均由所属企业施工单位承担，在施工前建设方明确提出植被恢复要达到 100% 的要求；在施工后验收时，将此作为验收的标准进行考核。

③占地面积严格按规划要求征用，在验收时亦作为标准进行验收。

④在施工过程中，同当地环保部门共同配备环境监理人员，对施工的全过程进行生态环境的监理。

⑤生态恢复和减缓措施需要较大的资金投入，建设单位应该对该项资金予以保证，并计入环保投资计划中单独进行预留。

➤➤ 参考文献 ➤➤

[1] 周轶 . 驱油过程中二氧化碳 BLEVE 机理及破坏效应研究 [D]. 北京：北京理工大学，2015.

[2] 潘若生 . CO_2 驱采油井腐蚀监测技术研究 [D]. 大庆：东北石油大学，2015.

[3] 李清 . CO_2 驱采油井生产动态实时监测技术研究 [D]. 大庆：东北石油大学，2014.

[4] 张巍 . 井下作业事故与井控技术应用 [J]. 化学工程与装备，2022（9）：301-302.

[5] 杨海华 . 石油钻井过程控制技术及解决问题的措施 [J]. 当代化工研究，2022（7）：114-116.

[6] 郑勇军 . 石油天然气钻井工程风险控制技术探究 [J]. 中国石油和化工标准与质量，2022，42（4）：169-170.

[7] 王宝鑫 . 石油井下作业安全事故分析及对策探讨 [J]. 中国石油和化工标准与质量，2020，40（6）：7-8.

[8] 林刚 . 注二氧化碳井的生产管理 [J]. 化学工程与装备，2018（6）：125-126.

[9] 范志勇，孙亮，孟凡强，等 . 二氧化碳吞吐井的安全管理 [J]. 安全，2019，40（1）：67-69.

[10] 张轶锴 . 吉林油田天然气输送管道建设工程项目风险管理研究 [D]. 秦皇岛：燕山大学，2014.

[11] 袁胜凤 . 海拉尔油田空气驱试验安全风险控制技术 [J]. 科技与企业，2014（7）：150.

[12] 侯世超 . 油田井控安全风险控制技术分析 [J]. 化工管理，2016（25）：140.